아빠의 펜션

세상의 모든 아이들과 함께하고픈
아빠의 양육 일기

양석균 지음

홍성사

365일 환영합니다!

더도 말고 한가위만 같아라.
더도 말고 요러케만 늘 귀여워라.
아빠만의 욕심이겠지?
때가 되면 네 안의 폭풍으로 아빠 놀이터에
매달리지 않을 때도 오겠지.
상처로 눈물지으며 아빠를 외면할 때도 있겠지.
네 안의 꿈이 너무 커 아빠를 돌아보지 않을 때도 오겠지.
하지만 딸아, 기억하렴.
아빠의 품은 항상 열려 있단다.
네가 달려올 때 언제든 안을 수 있도록
두 팔을 벌린 채로 살아갈 거야.
살다가 지치면 아빠의 펜션으로 쉬러 오려무나.
아빠의 펜션 영업시간은 24시간 365일이야.

사랑한다 딸아~

2018년 7월

양석준

차
례

앞마당.
딩굴며
뛰놀기

생명의 환희

생명의 환희

울 집 아이들이 애지중지하는
기니피그가 새끼를 낳았습니다.
아이들의 예언(?)대로
세 마리입니다.

새끼를 발견했을 때 제일 큰 녀석 한 마리는
죽어 있었고, 한 마리는 거의 눈을 잘 못 뜨고
비틀거리는 상태였습니다.

으미 우쩌야쓰까~
불쌍한 녀석들…
아니, 애는 소리도 없이 애기를 낳냐.

감사하게도 한 마리는 펄펄 살아서
용감하게 엄마 밑을 파고들어 젖을 뭅니다.
와우~ 이 생명의 환희
참 놀랍고 신기하기만 합니다.
비틀거리던 새끼는 곧 유명을 달리합니다.

눈총

잠시　후　아이들은
나름 엄숙한 장례식을 치릅니다.

앞마당. 뒹굴며 뛰놀기

요즘 사람도 잘 하지 않는 봉분에 십자가를 꽂고,
거기에 마당에서 원추리꽃을 꺾어 헌화까지 합니다.
애들은 진지한데, 그걸 보는 아빠 얼굴은 히죽히죽.
울 큰딸의 마지막 이별사에 참았던 웃음이
폭발하고야 맙니다.

> "성경에는 맞지 않지만 기니피그야~
> 나중에 천국에서 다시 만나자."

으하하하~
아이들의 눈총에도 이 아빠 즐겁기만 합니다.

앞마당. 뒹굴며 뛰놀기

포착

수컷이 스트레스를 많이 받으면
새끼를 물어 죽인다는
정보를 아이들이 입수합니다.

아빠 기니피그를 긴급 격리 조치한 곳이 결국
현관 신발장 서랍입니다.

이내 아빠의 눈에 포착되는데
마음 같아서는 냄새가 나니
긴급 이동령을 내리고 싶지만,
기니피그를 아끼는 아이들의 마음을 알기에
새 동물장이 오기까지 아빠는 알면서 모르는 척.

가끔 아이들 맘을 졸이기 위해
"아빠 기니피그가 안 보이네, 산책 나갔나?"
아이들은 꿀 먹은 벙어리.

아빠는
　　장
　　　난
　　꾸
　　　러
　　기.
　　ㅋ

앞마당, 뒹굴며 뛰놀기

달팽이

마당에는 눈에 잘 안 띄는
작은 생물들이 있는데
그중 하나가 달팽이입니다.

땅거미 질 무렵, 왕달팽이를 발견하고는
아이처럼 탄성을 지르며 아들을 불렀습니다.
아들도 이렇게 큰 달팽이는 처음 본다며 흥분합니다.
지금도 아련하게 떠오르는 어릴 적 기억은 조그만
손 안에 꼼작이는 달팽이의 움직임을 음미(?)하던 느낌입니다.
달팽이의 움직임을 보면서 어떤 사람은 속 터진다며
답답해하기도 할 것 같다는 생각이 스칩니다.

빠른 것이 우리 주님의 뜻이라면,
달팽이를 왜 만드셨을까요?

우리 부부는 가끔 이런 대화를 합니다.
"우린 넘 느린 것 같아. 거북이과야. 빠르고 머리 팍팍
돌아가는 토끼과 사람들이 우릴 보면 얼매 답답할까?
ㅋㅋ 우리 이민 가야 되나?"

우리나라는 참 빠릅니다. 그리고 또 그렇게 요구합니다.
우리의 소중한 아이들에게도 마찬가지입니다.
조금 느긋하게 바라보며, 기다려 주면 좋을 텐데….

이곳은 시간이 멈춰진 것 같습니다.

음식도 슬로우
마음도 슬로우
그러니 행동은 더욱 슬로우~

느리게 산다면서도
달려온 지난 삶들을 치유하시는
우리 주님의 손길을 느낍니다.

앞마당. 뒹굴며 뛰놀기

바탕화면

밤새 비가 많이 내려,
졸졸졸 흐르던 개울이 화가 났습니다.
걸리는 건 다 떠나보내려는 듯합니다.
그래도 내 눈에는 사랑스럽고 정겹기만 합니다.
어린 시절 학교 끝나면 가방 던지고
쟁일 물고기 잡던 시냇물이 늘 그리웠습니다.

내 감성과 정서의 바탕화면은
시냇물과 둑에 핀 나팔꽃입니다.

그곳에서 검정고무신을 신은 새까만 소년이
어획(?)에 여념이 없습니다.
두 손을 가만히 모아 탱가리를 뜨려고
잔뜩 집중하는가 하면
재빠른 버들치를 잡으려 돌을 던지고
그물을 던져 싹쓸이 하려는 어부의 기상을
엿보이기도 합니다.

앞마당. 뒹굴며 뛰놀기

숙청

마당에 하얀 도라지꽃이 활짝 피었습니다.

　　이웃집에는 보랏빛 도라지꽃이 만발해 있습니다.
　　이사 와서 잡초 숙청(?)한다고
　　거의 모조리 뽑아 버려 하마터면
　　이분들도 못 볼 뻔하였습니다.
　　처음 와선 정체를 몰라,
　　많은 좋은 분들을 저 세상으로 보냈습니다.
　　우리 주님께서 주신
　　좋은 분들을 알아보지 못하고 뽑았으니

앞으로는 식물도감을 준비해,
잡초로 확인되시는 분들만 보낼 것을 다짐합니다.

정원사

엄마와
애기 기니피그가
나란히
정답게
식사를 합니다.

이 친구들은 부지런히 풀을 뜯어,
마당이 덥수룩하지 않도록
저희가 고용한 정원사들입니다.
충성스러워 입을 잠시도 쉬지 않습니다.

풍성한 새경을 주어야 할 것 같습니다.

탄 성

다희가 애기 기니피그를 안고, 연신 귀
엽다고 탄성을 지르며 쓰다듬고 있습
니다. 돌봐 주는 건지, 괴롭히는 건지.

ㅋ   ㅋ

야생 소녀

정말 겁이 없습니다.

아빠가 무서워하는 벌레는 물론이고,
동물들도 거침없이 잡아챕니다.
울 집 벌레들과 동물들의 경계인물 1호,
막내딸 다희입니다.

점
점
야생
소녀가
되어 갑니다.

앞마당. 뒹굴며 뛰놀기

도라지꽃

오랜만에 날이 개어
마당에 나가 봅니다. 현관 앞
나무에 보라색 도라지 꽃이
활짝 피었습니다.
내 영혼도 활짝 피는 듯하여
와우~ 입에서 탄성이 나옵니다.

저 보라색 물감은 어디에
저장해 놓았기에 철이 되면
이렇게 화려한 모습을 나타낼까.
입에서 찬양이 흐릅니다.

들에 핀 꽃을 보라.
하늘을 나는 새도
만물을 지으신 주님의 솜씨라.

앞마당. 뒹굴며 뛰놀기

흔적

아이들이 떠나고 남은 흔적입니다.

아이들이 남긴 체취와 낭랑한 언어들이
귓전에 울리는 듯 절로 미소가 지어집니다.

우리의 아이들은 머지않아 우리 곁을 떠날 것입니다.
마음껏 저 하늘을 건너 배우고 사랑하며 살아갈 것입니다.
그때 아이들의 마음에 부어진 부모의 사랑과
마음껏 어울려 논 추억이 아이들의 삶을 붙들 것입니다.
남은 우리는 아이들이 떠난 빈자리를 아이들과 함께한
추억들로 채우며 외로움이 아닌 가슴 뿌듯함을
누릴 것입니다.

아이들을 키운다는 것은 참으로 값진 일입니다.

앞마당. 뒹굴며 뛰놀기

뮤탄스균

밤에 자기 전에 울 집은 아주 시끄럽습니다.
하루의 마무리 양치는 아빠가 해주기 때문입니다.

"뮤탄스균~ 어서 짐 싸고 나와! 감히 우리 다희
입에 들어오다니, 이 아빠가 용서할 수 없다.
내 칫솔을 받아라~ 어금니 밑에 숨어 있는 너!
내가 모를 줄 아느냐~
어서 이삿짐센터에 전화해~ 요즘은 포장이사 다 돼!"

"오잉~ 어떻게 알았쥐? 으아 망했다~
얘들아 어서 짐 싸자. 다희 아빠는 당해 낼 수가 없어~
끝까지 우리를 괴롭히거든"

이렇게 열심히 연극을 하다 보면 양치도 끝나고
세균학(?) 공부도 끝납니다.

양치를 거부할 리 없습니다.
즐겁기 때문입니다.

언어도 마찬가지입니다.
하루 살면서 한마디씩 툭툭 던져 주면 됩니다.
일상생활에서 배우는지 모르고 자연스럽게 배우는 것은
뼛속으로 들어갑니다.

꼭 공부를 책상 위에 가둘 필요는 없습니다.

텐트

아들이 앞마당에 구슬땀을 흘리며
텐트를 치고 있습니다.

화창한 여름날 오후의 평화로운 정경입니다.
오늘 밤엔 아들과 이곳에서 오붓하게 자렵니다.

방에서도 새벽에는 추워 이불전쟁을 벌이는데….
아무래도 겨울 이불을 꺼내야 할 것 같습니다.

가을바다

노란 폭설

밤새 폭설이 내렸습니다.
노오란 눈이 땅을 덮었습니다.

나무에게 어서 겨울을 준비하라고
땅에게 추우니 덮고 자라고

바람은 밤새 잠을 못 이뤘습니다.

지금은
            나무와 땅과 바람이
모두 잠든 시간
            깰까시리 이불 위를 살풋 걷습니다.

캐치볼

아들과 캐치볼을 합니다.

아들이 천천히 부드럽게 던집니다.
　　'아빠, 저를 부드럽게 대해 주세요. 저도 알고 보면
　　약한 아들이예요.'

아빠도 부드럽게 던집니다.

　　'알았다, 아들아. 아빠도 알고 보면 한없이 약하고
　　부드러운 사람이란다.'

아빠는 때론 강하게 던집니다.

　　'아들아, 강하고 담대해져라. 너의 많은 눈물과
　　여린 마음, 상처받기 쉬운 맘을 사랑한다. 하지만
　　때론 사자와 독수리 같은 강한 심장도 필요하단다.'

43

아들이 강한 볼을 던집니다.
　　'아빠, 때로는 저도 아빠한테 화가 나요.'

아빠도 강하게 맞대응합니다.
　　'나도 때론 너에게 화가 난단다.'

때로는 아들의 강한 볼을 부드럽게 돌려 보냅니다.
　　'알았다 아들아. 미안하다. 그럴 땐 울지 말고
　　말로 표현하렴. 아빠도 잘못할 때 많단다.'

아들이 직구를 보냅니다.
　　'아빠, 그래도 난 아빠를 변함없이 사랑해요.'

아빠가 그대로 리턴합니다.
　　'그래, 아빠두.'

아들이 변화구를 보냅니다.
　　'아빠, 저도 많이 변했어요. 이젠 많이 컸어요.
　　제 생각도 좀 융통성 있게 받아주세요.'

아빠도 변화구를 돌립니다.

     '알았다, 장하다 울 아들. 많이 컸구나. 아빠가 많이
     비울수록 우리 주님께서 많이 그리시겠지.'

때론 아빠는 잡지 못할 홈런볼을 던집니다.

     '아들아, 너를 향한 아빠의 사랑은 홈런볼 같은
     것이란다. 네 범위를 벗어나니 너가 그 깊이와 넓이와
     높이를 이해할 수 없단다. 아들아 사랑한다.'

     화가 나면 아들은 캐치볼을 안 합니다. ㅋ

Late Bloomer

철 쭉 이 때 가 한 참 늦 은
가 을 에 꽃 을 피 웁 니 다.

철 모르던 지난날을 뒤로하고 아름
답고 선명하게 꽃을 피웁니다. 주위
철쭉들의 성화로 상처를 좀 입었지만
부모 철쭉의 따뜻한 시선과 오랜 기
다림으로 마침내 꽃을 피웁니다. 늦
게 핀 꽃이라 보석같이 빛이 납니다.

앞마당. 뒹굴며 뛰놀기

미행

산밤을 주으러 갔습니다.
도톰이 살이 오른 알맹이 줍는 기쁨에
다람쥐 생각을 미처 못했습니다.
흐르는 땀을 싱긋 닦으며, 한자루 떡하니 걸머쥐고
내려왔습니다.

누군가 미행하고 있다고는 생각지 못했습니다.

　여기서 통통 밤맛 나는 동안
　저기서 다람쥐는
　도토리에 질력이 났나 봅니다.

　며칠 전 몰래 따라와 보아 둔 양씨네 집으로
　살금 내려왔습니다.

두리번 세시번~
하지만 사방에 껍데기만 굴러다니고
굵은 마당밤도 이미 털린 후입니다.
다람쥐 입맛만 다시고는,
"에이~ 도토리 키나 재러 가자."

왔 다 가   그   냥   갑니다.

앞마당. 뒹굴며 뛰놀기

밤의 고백

따스이 속삭이는 햇살에게도 마음을 열 수 없었어요.
늘 나를 격려하는 바람에도 뿔을 세웠지요. 목마를 때면 물 한잔
갖다주는 구름에게도 홀딱 먹고는 얼굴을 가렸답니다.
뜨거운 사랑을 고백하는 한여름 땡볕에도 가시돋친 말로
돌려 세웠어요. 새들의 노래소리에도 귀를 막고 몸을 움츠렸지요.
내 안의 씁쓸함이 너무 커서 밖으로 고개를 돌리지 못했습니다.
내 안의 상처가 너무 쓰렸기에 더는 상처 받고 싶지 않았습니다.
아이들의 재잘거림도 내겐 소음일 뿐이었죠. 매달리면 귀찮아서
침을 들이댔어요. 앙~ 울음이라도 터뜨리면 속이 시원했지요.

그런데 어느 날부터 아이들의 울음소리를 들으면 웬지 미안한
마음이 들었어요. 하루는 짠한 마음이 들어서, 정신을 퍼뜩 안
차렸다면 팔 벌려 안아들어 '호호' 불어 줄 뻔하였습니다.
나도 내가 왜 이런 마음이 드는지 알 수 없었답니다.
'나 같으면 다시 안 올 거 같은데 다음 날이면 또 내게 찾아오는
아이들은 어떤 존재들일까?' 창을 닫고 꽁꽁 숨은 그날 이후,
처음으로 나 아닌 다른 존재에 대한 생각을 하였어요.

나는 깨달았습니다.
어느 순간부터 내가 아이들을 기다리고 있다는 것을.

여전히 밖으로 가시를 세우면서도 밤이면 아이들이 그리워,
지척이다 새벽녘에야 잠이 들 때가 많아졌어요. 계절이 깊어
갈수록 내 안의 씁쓸함은 초록과 함께 엷어지고 달콤함이 물들기
시작했습니다.

어느 가을날 아침, 앞집 멍멍이 짖는 소리에 부시시 눈을 떴어요.
파아란 이불이 나를 덮고 있었고, 내리닿는 햇볕의 미소에
따스함을 느꼈고, 스치는 바람의 손길에 행복감이 밀려왔습니다.
새들의 노랫소리에 나도 따라 흥얼거렸고 주위 나무들의
인사에도 손 흔들었지요. 그날 나는 내 인생 최고의 결정을
내렸습니다. 아이들이 오기 전에 서둘러 나를 둘러싸고 있는
가시겹을 터뜨린 것입니다.
내 안에 달콤하고 귀한 것을 아이들에게 주기 위하여,
내 안에 꽁꽁 숨겨진 비밀을 아이들에게 털기 위하여.

이제 세상은 달라졌습니다.
이제 더 이상 슬퍼하지 않을 거예요.
이제 더 이상 홀로 있지 않을 거예요.
아이들과 함께 마음껏 창조주를 노래할 거예요.

앞마당. 뒹굴며 뛰놀기

세 친구

여자 셋이 모이면 접시가 깨진답니다.
하지만 설거지를 같이해도 접시는 깨진 일이 없답니다.
다만 조금 시끄러울 뿐이랍니다.
나란이 달리고 누우며 웃음방울이 굴러갑니다.

셋이 모이니 외교와 정치가 꽃이 핍니다.

서로 다름이 은쟁반의 옥구슬이요 금사과입니다.
오늘 국제정세는 맑음입니다.

앞마당. 뒹굴며 뛰놀기

가을바다

해마다 이맘이면 찾아오는 가을바다.
한여름 뙤약볕을 피해 간 것인데
잊지 않고 우리를 찾아 줍니다.
고즈넉이 서서 렌즈에 내려 담으며
우리의 삶에 파아란 바탕화면을 깔아 줍니다.

엿비친 농부의 땀은 환희로 빛나고
살담긴 아이들의 소리는 향기로 여울집니다.
연중 가장 잔잔하고 푸른 마음을 가졌을 때,
거친 광야에 가쁜 우리를 찾아왔습니다.
가끔씩 새들이 가을바다를 헤엄쳐 갑니다.

눈 감으면

사
그
락
사
그
락.
지각을 파고드는 감미로운 파열음.

깊은 온기를 향하여 놀리는 바지런한 손길.
괭이 호미 없어도 어미의 풍만한 가슴에
얼굴을 묻은 아이처럼
청솔무는 깊이 얼굴을 묻었습니다.
품에 든 생명, 외면치 않고 땅은 이내 젖을 물립니다.
좋은 거랑 귀한 거랑 바리바리 모아 먹입니다.
첫눈 내릴 삼이면
떡두꺼비 키워 내어 세상으로 내보낼랍니다.

불후의 명곡

오늘은 '원색심포니' 오케스트라가 연주합니다.
이곡은 창조주가 작곡한 늦가을 만추교향곡입니다.

언제 들어도 감미롭고 환상적인 곡입니다.

한껏 어울어진 화음에 마음까지 물듭니다.

색과 음의 세계를 절묘하게 넘나드니
어떻게 색을 음에 담을 수 있었을까요?

수천 년을 흘러도 바래지 않는 불후의 명곡입니다.

첫눈

월동 준비 완료!

아이들의 계절이 돌아왔습니다.
세상은 움츠러들어
최소의 에너지로 연명하지만
아이들은 마음껏 가슴을 펴고
최대의 에너지를 발산하며 달립니다.
세상이 감당치 못할 아이들입니다.

지구를 굴려라!!

앞마당, 뒹굴며 뛰놀기

역전

울 다희가
　　아
　　　기
　　다
　　리
　　　고
　　기다리던,

눈이 왔습니다.

첫눈부터 심상찮습니다.

온 세상 하얗게 덮으며 함초롬 내립니다.

연일 가랑비 날리고 지푸리던 분위기가
순식간에 역전됩니다.

아이들의 마음은 이미 고공비행 중입니다.

아직도 애

아 직 도   앱 니 다. ㅋ ㅋ

남자가 없었으면
신대륙 발견도 없었다네요.

철들면 갈 때라는 것이
저를 봐도 맞는 말 같습니다.

히든카드

아이들의 마음을 얻기 위한 옆 산의 히든카드,

　　80미터 가량의
　　　　　천연
　　　　　　눈썰매장입니다.

　　　코스는 옆 산이 준비했고
　　밤송이와 나뭇잎만 치우면
개장 준비는 완료됩니다.

　　　그 정도는 아빠가 도와주려 합니다. ㅋ

작.
전.
명.

'배추를 사수하라'

밤새 영하로 떨어진다는 첩보를 듣고
배추를 막사(?) 안으로 옮깁니다.
워낙 긴급한 작전이기에 특수부대 전원이
동원되어 신속하게 수행됩니다.
두 부자가 식칼 들고 배추를 자르고
이동반 딸들이 즉시 집안으로 옮기면
적재반 엄마는 쌓아 올립니다.
30분만에 작전은 성공적으로 수행되어

아군의 겨울 보급식량은

무.

사.

히.

확보되었습니다.

앞마당. 뒹굴며 뛰놀기

눈 오는 날의 풍경

눈이 마이 옵니다.
　　아주 마이 옵니다.
치워도 치워도 옵니다.
　　천둥번개치며 오는 눈은
　　난생처음입니다.

드디어 그칩니다.
땀이 마이 납니다.
　　아죠 아죠 좋습니다.

　　　　추어탕 아주머이는 고맙다고
　　　　추어탕 먹으러 오랍니다.
　　강원도 산골인가
　　이곳은 마을 버스도 끊겼습니다.
　　　　고립무원입니다.

아내는 장보러 가야 한다는데⋯

　　　　　　　　　　　　　　　앞마당. 뒹굴며 뛰놀기

전설

눈싸움을 합니다.
온몸을 던지며 눈밭을 구릅니다.

나는 헉헉하는데
녀석은 좀처럼 지칠 줄 모릅니다.
슬쩍 슬쩍 맞아주니
신이 나서 계속 던집니다.

내고향 남쪽마을 눈 보기가 희귀했던 시절,
눈이 오면 녹을까 가슴 조마하며 온몸 둥그리며 놀다
눈밭에서 잠들어 버린 전설을 기억해 냅니다.

령

천사들의 령슈으로
임시 어린이날이 선포되었습니다.
아이들은 최상의 컨디션과 기분으로
온갖 끼를 발산하며 놉니다.

세상은 하얀 장난감 나라로 바뀌었습니다.
놀이의 천재들을 위해 사계절 이 땅을
장난감으로 가득 채우시는 주님이십니다.

아이들은 행복하고 그로 인해
세상은 밝고 아름답습니다.

앞마당. 뒹굴며 뛰놀기

소원

사랑하는 막내딸아,

아빠가 생일을 진심으로 축하한다.
벌써 일곱 살 생일이 되었구나. 세월이 참 빠르다.

두려움에 찬 새까만 왕눈으로 아빠의 품에 다소곳 안겼던 다희야.
벚꽃이 활짝 핀 시절에 우리곁에 왔는데 지금은 눈꽃이
만발하구나. 우리의 만남은 주님의 은혜이고 축복이란다.

주님이 오작교를 놓아 만나게 하신 딸아.
너의 활짝 웃는 얼굴을 보면 아빠의 마음도 활짝 웃는다.
너의 애교와 웃음에 취해 오늘도 아빠는 기꺼이 딸바보가 된다.
네가 없었더라면 아빠는 어떻게 살았을까? 상상이 안 되네.

사랑하는 딸아.

너의 아픔과 상처는 이제 묻혀진 전설이 되었다.
충만히 받은 사랑으로 온 세상을 주님의 사랑으로 섬기고
땅끝까지 주님을 노래하는 자가 되기를
간절히 소원하고 기도한다.
사랑하는 딸아.
생일 다시 한번 축하한다.

다희야 싸랑해!!!

전세 계약

작년에 자주 울 집에 무단으로 침입하여
　　　애끼는 금붕어
　　　생선까지 얌냠한
　　　까치들입니다.

가택 침입 및 절도죄로 고소하려다
그리스도의 사랑으로 용서했습니다. ㅋ

한동안 안보인다 했더니 이젠 아예 은행나무 위에 집을 건축하고
있습니다. 어쩐지 바닥에 가지들이 잔뜩 떨어져 있어서 며칠을
치웠는데… 위에서 그런 행사가 있는지 오늘에야 알았습니다.
까치들 불러 불호령을 내리고 쫓아버리려 했지만
다시 그리스도의 사랑으로 1년 전세 계약을 맺으려 합니다.

전세금으로는 울 집 감입니다.
작년에는 맘껏 먹었지만 올해는 손도 못대고로…
이를 위반할 시 바로 퇴거 명령을 내리려 합니다.
계약서를 써야 되는데 까치어를 알아야지~ 쩝쩝
누구 동물어 학원 어딨는지 아십니까? ㅋ

대역죄인

봄의 전령사인
참개구리 두 마리를
즉각
체포하여
구속합니다.

봄을 간절히 기다리는
아이들의 소원을 무시하고
봄을 알리는 본연의 업무를 게을리한
대역 죄인들입니다.

능지처참하여 국법의 존엄함을 보여야 한다는
강경파(아들)와
개구리를 현재의 모습으로 단죄하기보다는
시간의 흐름 속에 보아야 한다는
통시간적 시각을 가진
온건파(딸들)로 나누어집니다.

두 참개구리는 이미 주위의 색과 맞추는
겸손하고 참회하는 모습을 보이고 있습니다.
아빠는 내일 대사면령을 내려
딸들의 편을 들어주려 합니다.
ㅎㅎ

앞마당. 뒹굴며 뛰놀기

배꼽

아들과 함께 어머님 댁에 갑니다.
버스를 타고 전철을 갈아 타고 갑니다.
아들은 난생처음 전철을 타 본 것처럼 신나 합니다.

어머님 댁에 커튼을 달아드리고 전기장판과 김장 때 쓸
고춧가루와 젓갈을 가져옵니다.
차가 없으니 불편하긴 하지만 나름 재밌는 것이 많습니다.
돈은 없지만 나눌 것도 훨씬 많아졌습니다.
차 없고 돈 없어도 미소와 여유는 늘었습니다.

아이들이 엄마 아빠는 참 이상하다고 합니다.
차도 없고 돈도 없는데 이전과 별다를 것이 없다고
합니다. 넘칠 때보다 부족할 때 아이들에게 더 귀한 것을
줄 수 있어 감사합니다.

상황과 상관없이
미소와 여유를 잃지 않는 것은

돈 주고 살 수 없는 귀한 유산이란 생각이 듭니다.

버스를 타고 로얄스포츠를 지나는데
아들이 퀴즈를 냅니다.

"아빠 소가 죽으면 뭐가 되는지 알아?"
아빠는 대답합니다.
"소가죽."
"땡."
"소고기."
"땡~ 다이소."

다이소가 로얄스포츠 건물에 있는 걸 보았나 봅니다.
아빠와 아들은 배꼽을 잡습니다.

앞마당. 뒹굴며 뛰놀기

일품

갑작스런 추위로 열일을 제쳐두고
김장에 돌입합니다.
이틀을 꼬박 들여 완료합니다.

사는 것에 비하면 작지만 맛이 좋은 조막김치입니다.
배춧잎에 양념과 굴을 싸서 한입 무니 자연이
몸에 확 밀려들어오는 느낌입니다.

작은 고추가 맵다더니 조막만한
김치가 맛은 일품입니다.

고작해야 땀 몇 리터(?) 흘린 것이 전부인데
보수를 너무 많이 주었네요.
억대 연봉이 부럽지 않습니다. ㅋ

준 거이 얼마 없는데
받은 아낌없이 다 퍼주었습니다.

되로 주고 말로 받았습니다.

버팀의 미학

겨울이 되자 어린 나무들이
버티기에 들어갑니다.
매서운 칼바람도 내리치다
결국 포기합니다.
세찬 눈보라도 휘몰아치다
결국 꼬리를 내립니다.

안시성을 정복하지 못한채
양만춘의 화살에 애꾸눈이 되어
터벅터벅 장안으로 돌아가는 당태종처럼….
독소전의 쓴잔을 마시며 얼어붙은 탱크를 버리고
퇴각하는 히틀러의 SA근위병들처럼….

버티는 데 장사 없어
모두 모두 돌아갑니다.

이들의 부모는 숱한 외풍에도 흔들리지 않고
생을 이어간 나무들입니다. 부모와 같은 모습으로
어린 나무들이 버티기를 이어갑니다.

이들의 버티기는 강하다 못해 아름답기까지 합니다.

앞마당. 뒹굴며 뛰놀기

연극 '봄'

'봄'의 공연이 곧 시작됩니다.

연극 '봄'은 매년 대박을 터뜨리며 브라더웨이
최고의 히트작으로 자리매김하고 있습니다. ㅋ

장내는 관객인 아이들로 초만원입니다.
하지만 주연인 파릇한 싹이 수줍어하며
나오려 하지 않아 장내는 술렁거리고 있습니다.

대지와 나무는 주연을 밀어내려 안간힘을 쓰다
힘이 딸리는지 원군을 요청합니다.

장내는 꽃샘이 긴급투입되어 시간을 벌고 있지만
분위기는 영~ 썰렁합니다.

원군 춘풍이 오기만을 기다리고 있습니다.
양면 협공이 시작되면 싹도 버티기 힘들어
등 떠밀려 무대로 나올 것입니다.

곧 싹은 제 모습을 찾아
아이들의 기립박수를 받으며
화려한 연기를 펼칠 것입니다.

나들이

딸아

구김살없는 너의 미소를 보면
아빠는 행복을 가득 머금는다.
곧 노오란 개나리가 피겠지.
이 땅의 색으로 너를 어찌 표현하랴만
노랑이 가장 네게 잘 어울릴 것 같구나.
창공을 가로질러 아빠 맘에 별똥별로 떨어진 딸아.
추운 겨울도 너와 함께라면 따뜻하다.
기인 어둠도 너와 함께라면 밝기만 하다.
무슨 사랑 주었기에 이리 큰 사랑을 내게 주나.
무슨 기쁨 주었기에 이리 큰 기쁨을 내게 주나.
되로 주고 말로 받는다니 이 두고 하는 말이고나.
호수 같은 눈을 가진 나의 딸아.
네 눈에 비치는 아빠의 모습은 그윽하기 짝이 없다.

앞마당. 뒹굴며 뛰놀기

짜부

아들이
목이 부러져서 버리려던
선풍기를 짜부시켜 만듭니다.
기능 조절이 다 되어
그런 대로 쓸 만합니다.

돈 벌 었 습 니 다. ㅋ

앞마당. 뒹굴며 뛰놀기

숨바꼭질

이제 봄이 완연합니다.
마당엔 벌써 나비들이 비행합니다.
돌을 젖히니 애기 지렁이들이
옹알옹알 옹알이를 합니다.
벌레들이 모두 소풍을 나왔습니다.
겨울이 술래일 동안은
어디 숨어 있었는지 보이지 않더니
술래가 봄으로 바뀌자
다 잡혀 일제히 나옵니다.

역시 봄은 숨바꼭질의 천재입니다.

아이들과 똑같습니다.

파랑새

울 집 파랑새들,
할 일을 마치고 획득한 권리로
오후를 마음껏 누리고 있습니다.

자신의 할 일을 다했기에 가지는 성취감과
자신이 벌은 시간을 쓰기에
그 자유로움과 자신감은 표정을 더욱 밝게 합니다.

그 누구도
방해할 수 없는 이 시간.

파랑새들이 하늘 높이 날고 있습니다.
아빠의 마음도 아이들을 따라 하늘을 납니다.

날개 없이 날 수 있는 법을 가르쳐 준 아이들에게
아이스크림으로 보답하렵니다. ㅋ

앞마당. 뒹굴며 뛰놀기

헛물

숲속으로 산책로를 닦았습니다.
아무도 발길이 닿지 않는 한적한 숲속,
나만의 공간입니다.

작렬하는 햇빛도 방해할 수 없는 나의 은밀한 장소.
아내의 잔소리가 미치지 않는 청정구역. ㅋ

나의 사고력을 날카롭게 할 목공소.
나의 내면을 깊이 들여다볼 수 있는 호수.

하지만 나의 시대는 하루 만에 끝났습니다.
이튿날 청정구역은 아이들에 의해
점령되었습니다.
점령군들은 자기들의 안방인 양 재잘대며
잘도 놉니다. 특히 내가 아끼는 그네를
돈도 안 내고 마구 탑니다.
내가 타면 끊어질 것이 뻔하니
숲의 마음은 벌써부터 아이들을 향하고 있었습니다.

에이, 헛물만 켰습니다~

앞마당, 뒹굴며 뛰놀기

번데기

아들이 삼나무 숲으로 갑니다.

아들을 찾아 삼나무 숲으로 가보니
아들은 없고 웬 야생동물 배설물만 잔뜩 있습니다.

옆에 큰 번데기가 드르렁거리며 오침을 즐기고 있기에 깨우니
번데기 속에서 벌레 얼굴이 쑤욱 나옵니다.

울 집 아들과 똑같은 얼굴을 가진 벌레입니다.

이 배설물이 누구 배설물이냐고 혹 너가 여기에 똥쌌냐고 물으니
벌레는 인상 쓰며 자기가 안 쌌다고 '고라니똥'이라고 하고는
다시 집으로 쏘옥 들어갑니다.

참으로 요상한 벌레입니다.

그나저나…
울 아들은 어디 갔나? ㅋ

앞마당. 뒹굴며 뛰놀기

작은
농부

호윤이와 함께 밭에 모종을 마저 심습니다.

한땀 한땀 심은 후 정성스럽게 꼭꼭 눌러 줍니다.
올해 호윤이 담당 작물은 옥수수입니다.

심는 것부터 수확까지 완전히 맡기렵니다.

흥분

박새가 집안으로 날아들었습니다.

거실에서 새소리가 나 가보니
박새가 정신없이 날아다니고 있습니다.
본인(?) 아니 본조도 무척 당황했나 봅니다.
어떻게 들어왔나 생각해 봅니다. 지난번 참새가 둥지를 틀던
연통 구멍을 벽지로 붙여 살짝 막아놓았는데
그 틈으로 들어온 것이 틀림없습니다. 아마 본인은
이상한 나라의 앨리스로 쑥 빨려든 느낌일 겁니다.
아이들 모두 심히 흥분했습니다. 저도 흥분 자체입니다.
살아 있는 동물을 이렇게 산 채로 잡다니…
새장을 준비해야 하는데… 벌새도 한번 보면 좋겠네~

놓아주라는 아이들 성화에
　　　그만
　　　　　순종
　　　　　　　합니다. ㅋ

세상에
이런 일이

교회 일을 돕고 왔더니
오마나 세상에~
연통 둥지에 박새가 새끼를 낳았던 것입니다.
모두 열 마리입니다.

아이들 성화로 엄마 박새는 이미 풀어 준 상태입니다.
아이들이 병아리 사료를 주며 정성껏 보살피고 있습니다.

떠난 엄마 박새는
다시 돌아올까요?

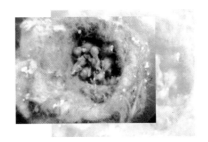

사투

어젯밤 사투를 벌였습니다.

엄마는 보이지 않고 이대로 내놨다간
얼어 죽을 것이 틀림없겠다는 판단이
내려졌기 때문입니다. 품 안에 든 생명이니
일단 살려놓고 봐야 하는데 속이 바짝 바짝 탑니다.
아빠도 처음 접한 일이라 신기하기도 하고
흥미롭기도 했지만 조금 지나니 책임감으로
마음이 무거워 힘이 듭니다.

안절부절 못하자 냉철한 울 딸 하는 말,
"아빠, 진정해. 얘네들은 영혼 없는 동물이야.
죽는 것도 자연의 일부니까
아빠가 안달복달할 필요 없어."
으미~ 가시네~~ 누가 그걸 모르냐?
맴이 그렇게 안 되니까 그렇제…

TV에서 보던 입을 쩍쩍 벌리는 아기들이 아닙니다.
얘들은 눈도 잘 못 뜨고 꿈틀거리며 쿨쿨 자다
겨우 입을 벌리는 시뻘건 갓난쟁이 핏덩이들입니다.

무심코 호기심에
연통구멍에서 둥지를 꺼낸 아들도
크게 후회하면서 어떻게든 살리려고
옆에서 보니 그야말로 사투를 벌입니다.

아들이 대단히 예민해져 있어서
재촉하기도 이젠 뭣합니다.

그렇게 밤이 지나고 아침이 옵니다.
밤새 지킨 생명… 이제는 자연에 맡깁니다.
지금은 엄마가 돌아오는지
잔뜩 긴장하며 지켜보고 있습니다.

나들이

할머니 생신을 맞아
오랜만에 서울 나들이를 갑니다.

싱그런 울 집 여성들의 미소에 덩달아 흥이 납니다.
하나님 주신 두 가지 교회와 가정은 정말이지
놀라운 하나님의 선물입니다.

우리가 세상 살아가는데 힘들지 않도록
지켜 주는 하나님의 두 팔입니다.
우리의 날개가 젖지 않도록 지켜 주는 우산입니다.
때론 티격태격하기도 하지만 그 자체가 행복이고
지나가면 그리움으로 남는 아름다움입니다.

교회와 가정, 이 두 가지 선물을 가졌으니
초가삼간도 나는 만족합니다.

이렇게 좋은 날 푸르른 하늘 아래 가족과 걷는 나는
이 세상에 가장 행복한 사람입니다.

찬참나리가

작년에 마당에 계셨지만 알아보지 못하고
보내드린 귀한 분들 중에 나리가 있습니다.
꽤나 높으신 분이라 나으리라 불리시는 분이고,
진실하신 분이라 참나리라 불리는 분입니다.

그분이 올해
다시 찾아오셨습니다.

악을 악으로 갚지 않으시는
참으로 깊은 성품을 가지신 분입니다.
내면의 아름다움이 참 붉게 흘러넘칩니다.
옛 신라에는 기파랑이 있었지만
지금은 참나리가 있습니다.
본받고 싶은 분입니다.

앞마당. 뒹굴며 뛰놀기

뒤로 돌아!

이곳은

모

든

것

이

천

천

히

흘러갑니다.

너무나 빨리 돌아가는 세상과는 멀리 떨어져 있습니다.
시간은 금이라고 하니 울 집 아이들은 부자입니다.

세상과는 거꾸로 살아가는 아이들입니다.
어찌 보면 너무나 뒤쳐져서 가는 아이들입니다.

하나님께서 "뒤로 돌아" 하시면 일등 할 아이들이
우리의 아이들입니다.

꽃양귀비

꽃양귀비가
드디어 아름다운 자태를 드러내기 시작합니다.

꽃의 여왕답게 보는 이로 하여금 넋을 잃게 합니다.
아름다움이란 이런 거야 하고 뽐내는 것 같습니다.

20여 가지의 야생화 꽃씨를 뿌렸지만 화단에는
꽃양귀비만 올라옵니다.
처음에는 아빠가 꽃씨를 잘못 뿌려 그런 줄 알았습니다.
하지만 사실은 양귀비의 아름다움을 익히 아는
다른 꽃씨들이 경쟁을 포기하고 땅속에 숨어 있다고
믿거나 말거나 생각하게 되었습니다.

따로 뿌렸어야 되는데…
꽃들의 세계를 몰랐습니다. ㅋ

일방통행

비가 투두두둑 내립니다.
아이들은 토다다닥 뛰어 다닙니다.
아이들처럼 살면 안 될까요.
시름없이 꾸밈없이
그냥 그렇게 살면 안 될까요.

비 젖어 흐린 아빠의 창을 깨끗이
닦았으니 오늘 할 일은 다했군요.
아이들은 베풀고
어른들은 늘상 유익을 얻으니
일방통행입니다.

중앙선

남자 아이들은 야수적인 사냥 본능을 보이고 있습니다.
멧돼지라도 잡을 기세로 창을 던지고 있습니다.

      대화를 들어보니

      "야 잡아" "으윽" "던져" "IC" "맞췄어" 등

      3음절을 넘지 않습니다. 남자답습니다.

      멋진 남성으로 자랄 것입니다.

여자 아이들은 알콩달콩 살림 본능을 보이고 있습니다.
쎄쎄쎄~~ 간드러지게 말을 교환하고 있습니다.

      대화를 들어보니

      "언니, 내가 백화점에 갔는데 지하 1층에서 내려서

      차를 대고 카트를 100원 넣고 뽑으려 했는데

      잘 안 돼서 아저씨를 불렀는데…."

      니네 대체 문장이 언제 끝나니?

      백화점 건물이 보통 10층이니 10층까지 올라가려면

      인제야 카트 빼려 아저씨 불렀으니 반나절은 훌쩍

      가겠습니다. ㅎㅎ 여자답습니다.

      아름다운 여성으로 자랄 것입니다.

남자 아이들은 남자 차선으로

여자 아이들은 여자 차선으로

제 대 로 가 고 있 습 니 다.

중앙선이라 차선을 바꾸면 큰일납니다.

아줌마

엄마가 평소에 하는 말,
"얘들아, 엄마는 10시가 넘으면 아줌마로 변한다."
잘 시간이 넘었는데 식구들이 밤에 계속 늑장부리니까
결국 눈이 풀린 엄마가 아줌마로 변합니다.
엄마가 문을 쾅 닫고 들어가면서 하는 말,
"잠을 자든지 말든지 알아서 해."
그러자 식구들이 공황상태에 빠져 아무데나 눕습니다.

다희와 아빠가 자리에 눕기 전에 같이 기도합니다.
"하나님 아버지, 엄마가 화내지 않게 해주시고…"
잠시 후 은혜의 문이 열려 모두들 몰려갑니다.
다희가 엄마한테 말합니다.

"엄마, 문이 왜 열린지 알어?
내가 엄마가 화내지 않게
해달라고 기도했거든"

잠시 후 엄마가 묻습니다.
"다희야, 엄마 화 안 나게 하려면
어떡하면 돼?"

다희의 예상치 못한 대답에
온 가족이 빵 터집니다.

"기도" ㅋㅋㅋ

총동원
농사요일

총동원령이 떨어집니다.

"김치를 안 먹을 사람 제외하고
모두 집합한다 실시!!"

한 녀석이 손들고 나섭니다.
"저 김치 안 먹어요."
허걱~ 예상치 못한 상황이 발생합니다.
하지만 이대로 물러설 수는 없는데….
그때, 아내가 치고 나옵니다.
"야~ 너 돼지고기 김치찜 안 먹어? 니가 다 먹잖아."
그리하여 한 명의 예외 없이 모두 집합합니다.

즉각 보직이 결정되고 일꾼들은 바지런하게 움직입니다.
아빠는 삽질하고 엄마는 비닐 펴고
날행이들(작은 아이들)은 모를 자리에 놓고
나날이들(큰 아이들)은 심고….
아침에 시원하게 한번 뿌려 주셔서 땅은 촉촉하고
일꾼들의 마음은 상쾌합니다.

세 시간쯤 지나자
아이들은 지쳐 흔적도 없이 사라지고
둘만 남아 마무리 작업합니다.

아내가 갑작스레 하는 말, "야~ 일이 무쟈게 많네.
그러니 옛날 사람들은 죄지을 틈도 없었었어."
"그렇지? 힘들지?" 어깨를 으쓱하며 맞장구를 칩니다.
"운동할 필요가 없겠네."
"그렇지? 내가 따로 운동 안 하는 이유를 알겠지?"
어깨를 들썩이며 다시 맞장구를 칩니다.

당분간 운동하라는 잔소리는
줄어들 것으로 예상됩니다.
오늘은 아빠의 가치가 수직상승합니다.

당연지사

벌레들이
배추를
갉아먹었습니다.

밤새 축제를 벌인 흔적이 여기저기입니다.
배춧잎으로 풍성한 식탁을 차린듯 합니다.
그들이 원 주인이니
우린 먹고 남은 것을 먹는 것이 당연지사입니다.
그렇게 생각하니 가슴이 트입니다.
다만 뒷처리만 깨끗하게 하도록 권면하렵니다.
가능하면 이것저것 먹지 말고 하나씩 먹도록 부탁하렵니다.
행여 벌레들을 잡을싸 아이들에게 일러둡니다.

보물찾기

알바

내년 여름에
큰딸이 단기선교를 가려고 계획합니다.

자금 마련을 위해 집안일을
도맡다시피 하며 알바를 하고 있습니다.

사진을 찍으려니 후닥 도망갑니다.
이젠 사진도 맘대로 못 찍겠습니당. ㅠㅠ

요즘 제법 사춘기 소녀의 모습을 보이는 큰딸에 대해
아빠는 걱정 반, 기대 반입니다.

사춘기 자녀를 이해하기 위해 아빠는
요즘 열공 중입니다.

앞마당. 뒹굴며 뛰놀기

어제 저녁 큰딸이 한 장의 문서를 작성하여 찾아왔습니다.
내용인즉, 내년 단기선교 재정을 준비하기 위해 알바를
하겠다는 것입니다.
기특해서 딸이 기안한 문서에 사인을 해줍니다.
그 문서에는 집안일의 온갖 종류와 보수가 나열되어 있습니다.
보수가 좀 높은 것 같아 아빠는 저렴하게 세금을 추가하면서
세금을 제하고 지급하겠다고 하고, 조건은 기본적인 자기 일을
완수했을 때 알바의 자격이 주어진다고 계약서에 적습니다.

쿠~울한 울 딸 시원하게 동의합니다.
아빠도 일필휘지로 사인을 날립니다.

그렇게 해서 고용계약이 성립되었습니다. ㅎ

집중

도라지꽃이
활짝 피기 전에
힘을 모으고 있습니다.

도라지는 지금 이 일에 잔뜩 집중하고 있습니다.
주위의 모든 것이 숨을 죽이며 이 광경을 지켜봅니다.

이름

자녀 이름 앞에
'사랑스런'이라는
수식어를 붙여 부르니
참 좋습니다.

이름은 자존감 형성에 중요한 부분입니다.

이름을 부를 때 수식어를 사용해서 부르니,
그때마다 자녀에 대한 사랑이
새록새록 솟는 것 같습니다.

이름은 그 사람의
정체성의 기초이기도 합니다.

아내

'행복한 가정 만들기' 프로그램에 참석하면서
사람들 앞에서 러브샷이 민망해 즉석 개그까지 하며
넘어간 지난날이 떠오릅니다.

신혼의 달콤함이 무색하게 우린 산전수전 공중전을
치르며 힘겹게 넘어갔습니다. ㅎㅎ

다른 사람에겐 천사(?)인 내가 아내 앞에선
화염방사기였습니다. 이상하게 아내에게만
감정조절장치가 작동이 안 되었습니다.
신앙의 훈련이 무색하게 가정에서 아내를 대하는 법을
배우지 못한 저는, 가정에서는 최소한 미숙아였습니다.

큰딸을 낳기까지 지금 생각해도
어처구니 없는 에피소드가 많습니다.

수중분만을 하면서 아이의 머리가 나오는 것을 보며,
저는 큰 충격을 받았습니다.

"생명이 있었구나."

아이의 탯줄을 자르고 어린 생명을 위해 기도하면서
회개의 눈물이 주르르 흘렀습니다.
부끄럽지만, 지금까지도 자녀에 대한 사랑이
저의 삶을 이끌어 왔습니다.

아이들이 어렸을 땐, 아이들 자는 시간을 이용해
더 크게 폭발했던 '시간차 폭탄' 같은 젊은 시절을
뒤로하고 이제는 아이들 앞에서도
자연스럽게 화를 내는 정도의 성숙한(?) 사람이 되었습니다. ㅋ
아내의 인내와 용납이 없었더라면,
전 여전히 미숙아로 있었을 것입니다.
아내를 더 귀히 여기는 것, 아직도 제게는 쉽지 않습니다.

그래서 오늘도 기도합니다.
아내를 자녀보다 더 귀하게 여기고 섬길 수 있도록.

앞마당. 뒹굴며 뛰놀기

늦둥이

늦둥이 막내딸의 아양에 아빠는 꼴깍 넘어갑니다.

어떻게
　이리
　　귀엽고
　　　사랑스러울까요?

누가 눈에 넣어도 안 아프다는 표현을
생각해 냈을까요?

참으로 천재적인 표현입니다.
그분은 늦둥이 막내딸이 분명 있을 거라고
이 연사 소리 높여 외칩니다.
ㅎㅎ

앞마당. 뒹굴며 뛰놀기

보물찾기

아이들과 동물원을 가려고 나섭니다.
비가 와서 어린이 박물관으로 급변경,
즐거운 한때를 보냅니다.

아이들은 언제 봐도 참 놀랍습니다.

그 활력과 천재성.

아이들 안에 하나님께서 보물들을 많이
숨겨 놓았습니다.
자녀 양육은 숨은 보물찾기입니다.

앞마당, 뒹굴며 뛰놀기

아들

극심한 우울증의 터널을 통과하며 가장 마음 아팠던 것이
있었습니다. 그것은 아빠의 부재로 인하여 아들의 내면에
상실감이 생길 것에 대한 걱정이었습니다.

옆에 있지만 옆에 없는 사람인 아빠,
일부러라도 미소 지으려 했지만 너무나 미약한 미소,
애틋하게 부르지만 전달되지 않는 사랑의 노래,
무너지는 가슴…

세상의 행복을 다 가진 양 까르르 웃으며 함께 뒹굴던
아빠와 아들…
직업상 보장된 많은 여유 시간을 아들과 함께 보내며
지내왔던 세월들…

가진 것이 많았기에 그만큼 상실의 아픔도 클 것을 알기에
아빠의 마음은 고통스러웠습니다.

저는 어쩔 수 없이 아들의 붙잡은 손을 놓았습니다.
제가 놓은 손을 하나님께서 붙잡은 것을 나중에야 알게
되었습니다.

제 손을 어쩔 수 없이 놓게 하시고
저의 인간적인 노력과는 비교가 안 될 정도로
아들을 아름답게 빚어 놓으셨습니다.

뱀이나 사람이나

옷 벗었으면 …

제자리에 갖다놉시다!!

앞마당. 뒹굴며 뛰놀기

가지치기

올해 감나무에 감이 몇 개 안 열립니다.
바라볼 때마다 마음이 아쉽습니다.
가지치기를 해주면 다음 해는
감이 주렁주렁 열릴 것이라 합니다.

저의 삶에도 열매가 없어
하나님 보시기에 안타까우셨던지
최근 몇 년간 가지치기를 참 많이 해주셨습니다.
아팠지만 돌아보니 인생 가운데 보석과 같은
값진 시간이었습니다.

이젠 감나무 차례입니다.

사다리와 톱을 구해야겠습니다.
감아~ 너 떨고 있니?

냄새

마을 뒤쪽은 농부가 과수원과 밭을 크게 일굽니다.
지금까지는 경치가 좋았습니다. 그런데 며칠 전부터
거름 냄새가 날아와 천지에 진동합니다.

시골에서 자란 아빠는 익숙한 냄새라 괜찮습니다.
하지만 아내와 아이들은 그렇지 않은가 봅니다.
곧 익숙해질 날이 오겠죠. 어른이 되서는
아빠처럼 이 냄새를 그리워할 날도 올 겁니다.

잠자리의 천적들이 있습니다.

개구리,
뱀,
두꺼비,
새,
준우
그리고
신흥 천적
호윤.

뒤로 갈수록 더욱 강력한 천적들입니다.

준우는 적은 시간에 효율적으로 많이 잡는 반면,
호윤인 절대적으로 많은 시간을 투입함으로
준우를 제치고 강자로 떠오릅니다.

아빠는 아들에게 말합니다.

"야~ 생물학자를 꿈꾸는 녀석이 생물을 잡냐? 그건
　　　　자가당착,
　　　　자기모순,
　　　　자승자박,
　　　　자포자기,
　　　　포기김치야."

논리에 밀릴 줄 뻔히 아는 아빠는 오늘도 헛물켜며
슬쩍 가세해 몇 마리 잡아 주며 스스로
포기김치가 됩니다. ㅋ

습격

외출하고 와서 보니
울 집 꼬꼬닭 두 마리가
사라졌습니다.

땅바닥에는 산짐승이 습격한 흔적이 역력합니다.
우리는 뒤집어져 있고 털이 사방에 뽑혀 있습니다.
그리고 뽑힌 깃털들의 궤적이 산을 향하고 있습니다.

나름 추정하기로는
놈이 케이지를 덮쳐 엎어서
닭고기들을 꺼내고
격투(?)를 벌인 다음,
물고 산으로 달아난 것으로
보입니다.

정확한 경위는
국과수에 의뢰하여야 할 것 같습니다.
분명한 사실은
우리에게 더 이상
닭고기가 없다는 것입니다.

동물장을 크고 튼튼한 것으로 개비해야 할 것 같습니다.

치즈

치즈를 달라고 하더니 놀이를 합니다.
요상시럽게 마스크가 되기도 하고
안대가 되기도 합니다.

"네 이놈들, 감히 음식을 가지고 놀 생각을 하다니,
내 요절을 내…지 않고 상장을 주겠다.
너희들, 참으로 기발하구나. 계속 하도록 하여라. ㅋ"

얼쑤!
아이들의 한계는 잘 모르겠습니다.

회복

아빠와
딸이
굵은
빗방울을
피해
보리수 나무
아래로
황급히
대피합니다.

어린 시절 작가 황순원의 《소나기》를 읽으며
가슴 설레던 아빠의 서정이 되살아납니다.
길둑에 핀 나팔꽃에 인사하고 따사로이 내려앉는 해를
향해 미소 짓던 시골 소년의 감성….

콘크리트에 덮여 있던 정서가
회복됩니다.

체포

얼마 전 울 집 꼬꼬닭 두 마리를 물어가서
전 마을을 경악시킨 범인(?)이 체포되었습니다.

바로

앞

집

개입니다.

이 흉악견(?)은 체포된 후에도 고개를 뻣뻣하게 쳐들어
양심의 가책을 전혀 느끼지 않는 모습을 보였고
지켜보는 시민들에게 오히려 크게 개소리를 냄으로
시민들의 공분을 자아냈습니다.

이 개의 주인이 며칠 전 마당에 있는 아빠에게 죄송하다고
하시며 아이들이 얼마나 상심했을까 생각하니
넘 미안해서 이제야 얘기하게 되었다고 하십니다.

아빠는 괜찮다고… 아이들이 닭을 그냥 닭고기로 보아서
별 개의치 않는다고…
"그냥 지나가셔요" 했더니 토끼를 주시겠다고 하십니다.

마지 못해 얼른 수락합니다. ㅋ

종

울 집 날행이들이
이리와 보라고 소리칩니다.

가까이 가보니 무언가 만들었네요.

'종'이라고 합니다.

아무리 봐도 '종'의 형상은 없지만
'종'이라고 하니 아빠는
신기한 발명품이라도 본 듯
크게 오바하며 놀란 표정을 짓습니다.

소리를 들려주는데
정말 종소리와 비슷합니다.

신이 났는지 나뭇잎 부채도
만들어 보여 줍니다.

그림에 해가 두 개면 어떻습니까.

하나는 해와 같은 아빠를 그려 넣은
아이의 깊은 속을 누가 알겠습니까.

굳이

　　그림에서

　　해

　　하나를

　　빼라고 하는

무지와 상상력의 빈곤함을

우리가 깨닫겠습니까.

질주

올 날행이들이 새로운 스포츠 분야를
개척하고 있습니다.
이름하여 '인라인 핸드 스케이팅'입니다.

기존에 발로 타는 인라인 스케이팅보다
더 많은 근력과, 방향 감각, 제동 기술 등이 요구됩니다.
이 경기는 트랙이 필요치 않고 땅만 있으면 되기에
훨씬 경제적입니다.
머지않아 대중화 단계를 넘어 올림픽 정식 종목으로
채택될 가능성이 짙습니다. ㅋ

많은 사람들이 '입시'라는 트랙에
아이들을 올려놓고 달리게 합니다.
부모님의 열화 같은 응원(?)에
뒤돌아볼 여유 없이 달리기만 합니다.
왜 달려야 하는지 이유를 모릅니다.
주위에서 모두 달리기에 그냥 같이 달립니다.

뒤쳐지는 아이들은 가차 없이
부진아라는 라벨이 붙습니다.
그 아이들은 자기 마음에 부진아란 라벨을 붙이고
스스로 도장을 찍습니다.

세상의 모든 아이들은 하나님의 걸작품입니다.
걸작품은 그냥 걸작품이지
부진아 걸작품은 없습니다.

대입이라는 결승점에 도달하면 쓰러집니다.

인생은 속도가 중요한 것이 아니라
방향과 목적이 중요합니다.
주님께서 한 아이 한 아이 섬세한 계획을 가지고
다양하게 빚으셔서 이 땅에 보내셨는데,
사람들은 그들이 만든 획일적 잣대로
아이들을 평가하고 결정합니다.
그것은 우리 주님의 섭리에 반하는 것입니다.

아이들에겐 하나님의 시간이 있습니다.

분명한 것은
하나님의 시간과 인간의 시간은
다르다는 것입니다.

뒷동산.
넘어지고
일어서기

닻

자녀를 양육하는 방법에는 '아주 엄함'부터 '매우 허용'까지
스펙트럼이 다양합니다. 양 극단을 제외하곤 큰 문제는 없습니다.
저는 스펙트럼 왼쪽 지대에 있는 조금은 허용적인 부모입니다.
중요한 것은 일관성입니다. 부모의 감정이나 상황에 따라 이랬다
저랬다 하면 자녀들의 심리는 불안한 상태가 됩니다.
왜냐하면 예측을 할 수 없기 때문입니다. 부모가 자녀에게 주어야
하는 것은 밥 말고도 있습니다. 예측 가능성입니다. ㅋ

대체적으로 엄한 것도 좋습니다. 오히려 엄한 부모 밑에 자라는
아이들이 심리가 안정되어 있고 오히려 창의력이나 상상력이
뛰어나다는 연구 결과도 있습니다. 우리 생각엔 자유롭게 허용된
아이들이 심리적으로도 밝고 창의력이나 상상력이 좋을 것
같습니다. 하지만 사람은 다르게 설계되어 있습니다.
오히려 브레이크 없는 자동차같이 심리적으로 불안하고 창의력이나
상상력이 떨어지며 독립심과 모험심도 그만큼 위축됩니다.
부모의 일관성은 자녀의 닻입니다. 폭풍이 몰려와도 든든히 박혀
있는 닻은 자녀를 악한 자에게서 안전하게 지켜 줄 것입니다.

일상

우리는 늘 특별한 무언가를 계획하고 그 안에서 특별한 의미를
찾으려 합니다. 하지만 우리의 믿음, 성품, 지혜, 사랑, 정서 등은
특별한 날들보다는 일상의 삶을 통하여 형성됩니다.

일상에서 부모가 어떤 선택을 하느냐를 보며 믿음을 배우고 부모의
인정을 통하여 건전한 자존감이 형성됩니다.
상황에 어떻게 반응하는지를 보고 지혜를 배우고 부모가 어떠한
마음으로 일상을 살아가는가를 보며 올바른 성품과 정서가
형성됩니다. 단순하게 반복되는 일상의 삶이 위대한 이유입니다.

곡예

지난 삶을 돌아보면 일직선이 아니라 갈지자입니다. 그래서 성경에
좌로나 우로나 치우치지 말라 하셨나 봅니다.

자녀 양육도 그렇습니다. 초기엔 인본주의적인 자녀 양육으로
치우쳐 아이들에게 모든 것을 선택하게 하고 의견을 물어 결정하면서
아이들이 생각과 주장은 뚜렷하지만 그것이 지나쳐 고집이 세고
순종이 어렵게 되었습니다. 홈스쿨을 시작하면서, 자기 생각보다는
순종을 가르치고 인격적 교제보다는 훈련에 집중하다 보니
자녀와의 관계가 소원해지고 아이들이 버거워함을 느꼈습니다.
훈련은 하지만 소통이 안 되고 관계가 깨진다면, 훈련도 별 의미가
없다는 것을 알게 되었습니다.

우리는 마치 곡예사와 같습니다. 좌우로 치우치려는 몸의 중심을
잡고 나아가는 곡예사처럼 오늘도 우리는 줄을 타며 자녀 양육이라는
곡예를 합니다.

목표

어떤 분이 걱정이 되는지 한마디 하십니다.
"댁의 자녀, 지금의 이 공부로는 대학 못 가는 거 아시죠?"

우리 부부는 그런 말을 들으면 내심 씨익~ 웃음이 납니다.
우리의 자녀 교육에 대한 목표는 대학이 아니라 참된 인간성의
회복이기 때문입니다.
그러기에 아이들의 학습적 결과에 연연하지 않습니다. 대학을 가고
안 가고는 우리의 시선에 없습니다. 본인이 가고 싶으면 우물을
파겠죠? ㅎ

스승은 지식을 넣어 주는 자가 아니라 인격적·영적 동기를
부여하는 멘토입니다. 교육은 관계라는 플랫폼 위에서 이루어지는
활동입니다. 그렇기에 관계의 질에 따라 교육의 질도 결정됩니다.
교육을 위해 관계를 깬다면 실제로 교육은 이루어지지 않는
것입니다. 교실에서 스승과 제자의 관계가 닫혀 있다면, 지식은
전달될지 모르지만 교육은 이루어지지 않습니다.

스승은 동기를 부여하고 아이들은 스스로 배웁니다. 그렇기에
교육의 주체는 스승이고 학습의 주체는 아이들입니다. 교육은
학습에 있어서는, 주체적 학습 능력 곧 자기 주도적인 학습 능력을

키워 줌으로 아이들로 하여금 학습의 주체로 서게 하는 것입니다. 지식보다는 덕성과 지혜를 가진 자, 곧 모양, 색깔 보다는 향과 맛을 가진 자를 바라봐야 합니다. 단순한 지식이 아닌 덕성과 지혜를 키워 주는 교육이 어떤 것인지 진지한 고민이 필요합니다.

감기

추운 줄도 모르고 놀던 아이들이 드뎌(?) 감기에 걸렸습니다.
증상이 조금은 심해서 실외활동을 자제시킵니다. 밖에 나가 놀지
못하니 하루종일 책을 읽고 이것 저것 묻습니다. 울 집은 집이
추운 것도 있지만 일부러 어려서부터 춥게 키웠습니다.

울 집 겨울 실내 풍경은 유럽식으로 스웨터입니다. 그러니 교회만
가도 울 집 아이들은 얼굴이 군고구마처럼 벌개집니다. 왠만한
추위에는 끄떡 없어 감기가 잘 오지 않습니다. 어려서부터 감기가
와도 아이들이 크게 처지지 않으면 주님 주신 자연치유력을 믿고
내버려 두었습니다. 열이 올라 38도 이상이 되고 활동력이 처지면
물수건으로 열을 내립니다. 그래도 고열이 지속되면 병원에
점검하러 갑니다. 중이염이나 폐렴이 오지 않았으면 처방전은 바로
쓰레기통으로 들어갑니다. 모진 부모입니다. ㅋ
그러다 보니 아이들은 점점 감기에 걸리지 않고, 걸리더라도 반응이
없으니 감기균들이 심심해서 짐 싸가지고 떠납니다. ㅎㅎ 그리고
우린 감기의 존재를 잊습니다. 감기는 울 집 삶의 방해자가 되지
못합니다.

한국의 항생제 내성율이 세계에서 제일 높습니다. 항생제를
무분별하게 남용한 결과입니다. 항생제에 많이 노출된 아이들은

면역력이 그만큼 취약합니다. 사실 감기는 치료약이 없습니다. 아이의 자연치유력과 증상의 정도를 고려하여 신중하게 처방하는 의사, 항생제를 가능하면 쓰지 않는 의사가 좋은 의사입니다. 아이들은 감기균 같은 가벼운 균들을 이겨 나가며 면역력이 증강됩니다. 나중엔 감기도 거의 걸리지 않고 몸 안의 군사들이 평소(작은 전쟁)에 훈련이 되어 큰 균, 큰 전쟁에도 이길 수 있는 몸으로 단련되는 것입니다. 감기 썩 물렀거라~

오각모종

모를 구입하고 심고 자라는 걸 지켜보면서 깨닫는 것이 있습니다.
모의 상태에 따라서 최상태의 모종은 빠르게 자라나갑니다.
중간 상태의 모종은 성장이 느립니다. 탁 봐서 모종이 안 좋은 것은
거의 성장을 하지 않습니다. 싼게 비지떡이라고 싸게 산 모종은
한눈에도 표가 납니다. 내면에 생기와 에너지가 부족합니다.

사람에게도 생기와 에너지를 채우는 시기가 있는데, 일차적으로는
0에서 3세요 이차적으로는 4세부터 12세까지입니다. 영아기에서
유초등기까지입니다. 이때는 일명 '노는 시기'입니다. '얼마나 잘
노느냐'에 따라 성장이 결정됩니다. 성장은 영적 · 사회적 ·
지적 · 인격적 · 육적 성장을 모두 포함합니다. 이 시기에 영적 ·
사회적 · 지적 · 인격적 · 육적인 모가 형성됩니다. 부모와 형제,
동네 어른과 형들, 동생, 친구들과 교회, 가정, 학교, 동네에서
놀면서 아이들은 내면의 모종을 준비합니다. 이 시기를 자연스럽게
놀면서 자란 아이들은 오각모종이 건강하게 형성됩니다.

이 시기에는 지적인 영역에서는 지적인 성취보다는 배움이
즐거움이라는 인식을 심어 주어 지적인 호기심과 학습에 대한
능동성이라는 모종을 키워 주는 데서 그쳐야 합니다. 영적으로는
주님과의 인격적 만남과 크리스천으로서의 정체성, 사회적으로는

다양한 사람과 함께할 수 있는 기회와 능력을, 인격적으로는
동생을 돌보며 친절과 배려, 욕구 충족의 지연을 통해 절제와 인내,
집안일을 통한 성실함과 같은 성품을, 육적으로는 적절한 운동과
섭생을 통한 건강을 추구해야 합니다.

이 시기에 한 각만 집중적으로 준비하며 자란 아이들은 나머지
네 각이 제대로 각도가 형성되지 않고, 결국 이 한 각마저 치고
들어와 이상한 형태가 됩니다. 아이들은 제대로 자라기 위해
놀 권리가 있습니다. 인생의 오각모종을 준비하는 시기를 놓치면
잘못 산 배추 모종같이 성장이 늦거나 멎습니다. 특히 창의성,
자율성과 같은 영역에서 현저히 떨어지게 됩니다.

어떤 강의 내용 중에, 첨단기업 임직원의 자녀들이 대부분인 미국
실리콘밸리의 발도르프 초등학교에는 그 흔한 컴퓨터 한 대가
없다고 합니다. 지적인 영역에의 집중이 오히려 지적인 영역에서
실패를 가져옵니다.

소홀히 했던 영적·지적·사회적·육적인 부분은 말할 필요도
없겠습니다. 하나님 만드신 우리의 뇌는 그리 간단치가 않습니다.
한 부분에의 지나친 자극은 다른 부분에의 지체 압력으로 작용하고
지나친 자극을 받은 한 부분도 지체된 다른 부분의 지지가 부실해
결과적으로 지체됩니다.

선행학습이 유초등기에도 일반화되고 있습니다.

문제는 모두가 이렇게 달리는데 혼자서 속도를 늦추거나 멈출 수 없다는 것입니다. 그랬다간 사방에서 금방 태클이 들어옵니다. 아이에겐 부진아라는 레테르가 붙여지고 상담 요청이 들어옵니다. 부모인 우리는 아이의 인생 전체를 바라보는 장기적인 안목과 아이를 한 면만이 아닌 전체적인 면에서 바라보는 통합적인 안목이 필요합니다.

싹

물에 쓸려가지 않게 무우 싹에 조심스럽게 물을 줍니다.
싹 기간(?)이 가장 긴 것이 사람입니다. 생후 3년간, 영아기라고
부르는 기간이 그것입니다. 이때는 세심한 돌봄이 필요합니다.
부모 외에 합당한 대체 인력이 없습니다. 대체 인력에 의해 돌봄을
받게 되면 반드시 결핍이 있습니다. 결핍을 어떻게 하면
최소화하느냐가 문제입니다. 한 아이의 결핍은 사회의 결핍으로
이어지므로 산후 3년간의 산휴라는 사회적 배려가 절실합니다.
비용이라고 인식하지만 사실은 사회적 이익을 위해 필요한 것입니다.

집에서 아이를 키우는 부모란 실상 가장 가치 있는 사람이며 최고의
생산성과 효율성을 통해 최고의 부가가치를 만드는 사람입니다.
아이가 어릴 때는 다른 사람에게 맡기고 나중에 아이가 결핍으로
인해 힘들어지고 미안함을 느끼면 그때서야 직장을 그만두는 분이
주위에 종종 있습니다. 안타깝지만 시기가 적절치 않습니다.
어려서는 옆에 있어 줘야 하고 나중에는 일정 부분 떨어져도 됩니다.

이 3년의 기간에 부모와의 애착 관계가 형성됩니다. 이것이 결핍되면
불안정하고 사람을 불신하며 그러면서도 끝없이 사랑을 좇아
방랑합니다. 그래서 사람들은 이 3년을 결정적 시기라고 부릅니다.
세살 버릇 여든까지 간다는 말이 공연히 나오지 않았습니다.

뒷동산. 넘어지고 일어서기

이 사회는 부모에게 3년의 육아 기간을 부여함으로 건강한 사회 구성원을 양성하도록 제도를 확보해야 하고 부모는 이 3년을 양보하지 않음으로 자신의 자녀를 지켜야 합니다.

미꾸라지

유초등기 시기는 인생의 기초를 닦는 시기입니다.
지경을 넓히고 기초를 깊이 닦고 연료를 채우는 기간입니다. 하지만
많은 부모님들이 좁은 지경에, 기초가 제대로 닦이기 전에 건물을
세우려 합니다. 부실한 건물이 될 수밖에 없습니다.

인생의 연료를 만땅으로 채우기 전에 달리게 합니다.
연료가 바닥나서 도중에 설 수밖에 없습니다. 연료를 만땅으로
채우지 않은 로켓은 대기권을 벗어날 수 없습니다. 부모의 욕심을
비우면 그것은 의외로 간단하고 경쾌할 수 있습니다.

어우러져 마음껏 놀게 하는 것, 가족과의 즐거운 시간들을
통하여 추억을 많이 갖게 하는 것, 좋은 관계를 통해 자신감을
불어넣고 건전한 자존감을 갖게 하는 것, 자연 속에서 뛰어 놀고
관찰하는 것, 일상의 훈련을 통해 좋은 성품과 습관을 갖게 하는 것,
예배하는 자로 서게 하는 것 등입니다.
이 시기를 지나면 꼬리가 미꾸라지라서 잡기가 여간 쉽지 않습니다.

갈등

아이들이 방에서 불꽃 튀며 설전을 벌입니다. 아빠는 조용히 귀를
닫습니다. 사각링이라도 만들어 주고 싶습니다.
밀고 당기기를 반복하다 타협안이 나왔는지 종전이 됩니다.
뒷끝 없이 깔끔합니다. 언제 그랬냐는 듯이 깔깔거립니다.

아이들이 다투면 바로 개입하는 부모님들이 많습니다.
하지만 특별히 문제가 있지 않는 한, 내버려 두는 것이 좋습니다.
"넌 형이니까", "넌 누나니까", "넌 남자니까", "넌 여자니까"와 같이
한쪽을 묶어 버리는 말은 피해야 합니다.
두루 듣고 공정한 해결책이 나오면 그나마 낫습니다. 하지만 아무리
명쾌한 판사의 판결이라도 한 사람은 고통스럽습니다.

아이들은 다투면서 나름대로 갈등 해결 방법을 찾아갑니다. 그것을
부모님이 못 견디고 무력(?)으로 해결하면, 아이들 안에 감정이
쌓여 해결되지 않은 채 지속됩니다. 어차피 인생사 갈등 속에서 살고
갈등 속에서 죽습니다. 그렇다면 이 갈등을 잘 해결하는 능력을
길러 주어야 합니다.

어떤 조직이든 문제와 갈등은 발생하기 마련이기 때문입니다.
갈등 자체를 못 견디는 사람이 의외로 많습니다. 부모와 자녀

간이라도 갈등은 당연한 것입니다. 생각이 다르고 감정이 다른
별개의 존재인데 왜 갈등이 없겠습니까?

어떤 분이 말씀하십니다. "우리 집은 아이들이 너무 순종적이고
착해서 갈등 같은 것은 생각도 못해요." 하지만 잘 들여다보면
아이들은 다툼에 대해 죄의식을 가지고 억누르거나 그 다툼을
교묘히 회피하고 포장합니다.

부모는 편하고 좋습니다. 하지만 자녀들은 세상의 갈등에, 관계의
갈등에 무방비로 노출된다는 것을 알아야 합니다.

사회적 능력의 필수 부품은 공감 능력과 갈등 해결능력입니다.
부모는 자녀를 가정 내에 평생 묶어 둘 의도가 없다면 갈등
해결능력이라는 무기를 장착시켜 세상에 내보내야 합니다.

분노를 적절히 해소시킬 수 있는 가족 분위기를 조성하여 내면에
쌓이지 않도록 하는 부모가 지혜로운 부모입니다.

"분을 내어도 죄를 짓지 말며 해가 지도록 분을 품지 말고 마귀에게
틈을 주지 말라"(에베소서 4장 26-27절).

등

어떤 때 자녀의 모습을 보면 분이 날 때가 있습니다. 하지만 잘
들여다 보면, 자녀의 그 모습이 내 안에 있습니다. 자녀는 부모의
거울이기 때문입니다.

아이들의 문제로 시름하다가 안 되겠다 싶어 작은 아이들을 제외하고
하루 금식을 선포하고 말씀 앞에 섭니다. 십자가의 원수로 행하는
나의 모습을 보고 아이들 앞에 그 죄들을 고백합니다. 그러자
아이들도 잘못을 인정하고 고개를 숙입니다.

23시간 30분이 지난 시점에서 아이들이 꽁치를 굽고 24시간이
지나자 환호하며 식사를 시작합니다.
주님이 기뻐하는 금식은 시작 5초 전에 숟가락 놓고 금식 종료 5초
후에 숟가락을 드는 것이라는 우스개 소리가 생각납니다. ㅋ

놀이

날마다 새로운 놀이를 만듭니다. 오늘은 타잔처럼 밧줄을 타고
놉니다. 놀이를 창조하는 아이들, 행복을 창조하는 아이들입니다.

놀이를 통해 아이들은 다양한 것을 경험하고, 그로 이해 지적인
감각들이 형성되고 확장됩니다. 룰과 질서를 배우며 정서와 성격이
형성되고, 대인 관계의 기본 틀이 자리잡습니다. 놀이는 최고의
학습이요 창조활동입니다.

내면이 질서정연하고 아름다운 아이로, 대인관계를 잘하고 사회적
능력(사회성)이 큰 아이로, 넘치는 생기와 적극적인 학습 능력을
갖춘 아이로 키우고 싶다면 아이들이 여럿이서 마음껏 놀이를 할
시간을 내주어야 합니다.

옆집 아이가 무얼 하느냐가 중요한 것이 아닙니다.
내 아이가 지금 무엇이 필요한지를 볼 수 있어야 합니다.

마음잔디

마당 뒤켠에 있는 잔디를 떠다 마당 군데군데 심었더니 1년 지나 마당을 다 덮습니다. 아이들도 키워 보니 마찬가지입니다.

아이들의 띄엄띄엄 나타나는 긍정적인 행동을 놓치지 않고 반응해 준다면 그 행동들이 연결되어 마음의 마당을 다 덮을 것입니다. 하지만 부정적인 행동에 반응하는 경우가 더 많기에 부모의 교육적 의도성이 필요합니다. 특히 실수나 실패시 비판보다는 더욱 격려가 필요합니다.

"누구나 실수, 실패는 한단다. 걱정하지 마렴. 다시 해보렴. 이번엔 더 수월할 거야."

다만, 뒷처리를 아이에게 하도록 하면 책임감 또한 걱정할 필요 없습니다. 실패를 두려워하지 않는 아이로 자랄 것입니다. 새로운 시도를 하면 성패와 상관없이 칭찬하는 것이 필요합니다. 용기와 자신감, 당당한 태도를 갖게 될 것입니다.

요즘 우리 주위에는 칭찬을 너무 많이 하는 부모도 심심찮게 볼 수 있습니다. 하지만 과도한 칭찬은 위험하며 아이에게 필요한 것은 적절한 칭찬입니다.

'똑똑하다', '머리 좋다' 등 능력에 대한 칭찬, '착하다' 같은 인격에 대한 칭찬, '잘했다', '대단하다' 등 결과에 대한 칭찬, '잘생겼다',

'예쁘다' 같은 외모에 대한 칭찬.

위와 같은 칭찬은 아이가 판단의 대상이 되는 느낌을 받기 때문에 칭찬에 의존하게 되고 칭찬 없이 동기부여가 잘 안 되는 등, 칭찬에 아이가 갇히는 결과가 발생합니다.

'착하다'라고 계속 칭찬하면 그 아이의 마음을 묶어 버려, 이 아이는 '착하다'라는 평을 받기 위해 남을 기쁘게 하기 위한 피곤한 인생, 남의 평가에 의존하는 괴로운 인생을 살게 됩니다. 자신의 인생이 아닌 남의 인생이 되는 것입니다. 일명 '착한 아이 신드롬'입니다. 부당하고 무리한 요구도 거절하지 못합니다. '나는 착하니까요.' 내면은 그렇지 못하기에 분노는 쌓이며 그럴수록 죄책감은 더합니다. 외모도 마찬가지입니다. 외모에 대한 칭찬을 계속 받게 되면 외모에 집착하게 됩니다. 외모에 집착하는 삶, 또한 힘든 삶입니다.

능력 등 바꿀 수 없는 부분을 계속 칭찬하게 되면, 그 아이는 능력에 대한 집착을 갖게 되어 불안해합니다. 그래서 자신이 생각할 때 자신의 능력을 넘어서는 것은 자신의 능력이 드러날 것에 대한 불안함으로 인해 시도하지 않게 됩니다. 그리고 실패하면, 자신의 능력이 부족하다는 생각에 쉬이 일어나지 못합니다.

뒷동산. 넘어지고 일어서기

이 모든 것이 남의 시선이나 평가에 의존하는 삶의 결과들입니다.
'열심히 했더니 훨씬 나아졌네'와 같이 과정에 대해서 부모가
칭찬하게 되면, 이 아이는 과정을 바꾸면 얼마든지 결과가 바뀔 수
있다고 생각하기에 새롭게 시도하게 됩니다. 자신의 능력의 한계를
정하지 않았기에 어려운 일도 도전하는 아이가 됩니다. 우리는
이러한 아이를 '탄력적인 아이'라고 부릅니다.

실패해도 다시 일어서는 아이, 노력하면 더 좋은 결과를 가져올
것을 기대하며 도전하는 아이가 되기를 원하십니까?
바꿀 수 없는 외모, 능력, 결과를 칭찬하기보다는 과정을 칭찬하고,
그 과정에서 보여 준 성품을 칭찬하고, 결과에 대해 칭찬하더라도
단순히 "잘 그렸다"보다는 "빨간색으로 하니 그림이 훨씬
화사하네"와 같이 구체적으로 칭찬하는 것이 좋습니다.

'칭찬은 고래도 춤추게 한다'고 해서, 무조건 칭찬이 좋은 것은
아닙니다. 오히려 아이에게 해를 끼칠 수 있습니다.
아이가 필요로 하는 것은 적절한 칭찬입니다. 지혜로운 부모는
무심코 칭찬하는 것이 아니라 아이의 '마음의 정원사'라는 생각으로
적절하게 칭찬합니다.

사회성

또래집단에 사회성이 갇히지 않는 아이들은 여러 연령대 사람들과
두루두루 관계를 잘 형성합니다. 사회성의 정의를 여러 가지로
표현할 수 있지만 다양한 연령과 지위에 있는 사람들과 관계하며
함께 일하는 능력이라고 할 수 있습니다.

선천적인 기질과 성격과는 달리 성품은 후천적으로 형성되고 가정의
역할이 중요합니다. 이 성품은 어릴수록 쉽게 형성이 됩니다.
아이들은 학습 외에 배워야 할 것들이 많습니다. 따져 보면 정작
중요한 것은 성품이고 학습은 오히려 작은 부분입니다.

학습이 주를 이루고 있다면 그만큼 성품이 희생되고 있다는 것은
자명합니다. 입시가 교육의 키워드가 되는 이상, 성품 형성은
멀기만 합니다.

인내심

만족을 지체할 줄 아는 아이는 그렇지 못한 아이보다 인내심과
욕구 통제능력 등이 뛰어납니다. 그래서 자녀의 요구를 바로바로
들어주는 것은 바람직하지 않습니다.

저는 자녀의 요구사항을 들으면 즉흥적인 성격이라 반응을 잘 하지만
'기다려', '생각해 보자'라는 말을 의도적으로 하려고 노력합니다.
또 큰 요구 사항이면 '기도해 보자', '네가 직접 기도해 봐'라는 말을
사용합니다. 들어주더라도 기다리면 더 큰 보상을 제안하기도
합니다.

나의 신중치 못하고 즉흥적인 성품을 제어하는 훈련이기도 하지만,
그보다는 아이의 인내심과 만족을 지체하는 능력, 욕구를 통제하는
능력 등을 길러 주기 위한 교육적 의도성이기도 합니다.
기다리는 능력은 적지 않은 능력이요, 귀한 성품이기도 합니다.

집안일

책임감을 배우게 하는 것은 집안일만 한 것이 없습니다.
작은 아이들에게도 그 연령대에 맞는 일을 분담시키는 것이
좋습니다. 울 집 나날이들은 7세 때부터 집안일을 분담시켰습니다.

첨에는 난리도 아니었습니다. 설거지를 하는데 와장창창~ 접시도
깨고 바닥에는 물이 흥건… 맘 같아선 당장 그만두게 하고
싶었지만 참고 기다렸습니다. 그러니까 그릇을 깨는 빈도수가
점점 줄어들더니 나중엔 거의 깨지 않게 되고 물도 밑으로 흘리지
않게 되었습니다.

잡안일을 하며 자란 아이와 그렇지 않은 아이는 다릅니다.
"넌 공부만 해"란 소리를 들으며 자란 아이는 자기밖에 모르는
이기적이고 주위의 모든 것을 당연하게 여기며 감사할 줄 모르는
아이가 됩니다.

집안일은 아이에게 가족의 일원이라는 소속감을 주고 책임감을
갖게 합니다. 또한 성실함을 훈련시키는 좋은 도구입니다. 맡은 일은
반드시 하게 하고 제대로 안 할 경우, 다른 권리를 제한해서 철저히
하도록 훈련시켜야 합니다. 아이들을 키우다 보니 자녀 교육에
집안일만 한 효과적인 툴이 없습니다.

187

자녀가 성숙하고 책임감 있기를 바라십니까?

집안일을 배분하고 대신해 주지 않으시면 됩니다.

울 나날이들이 말합니다.

"엄마 아빠는 이상해. 딴 엄마 아빠들은 공부한다면 일도 빼준다고 하는데….".

"얘들아, 엄마 아빠는 너희가 공부만 잘하는 아이가 되기를 바라지 않는다. 너희가 이기적이 않고 책임감이 있다면 그것으로 충분해."

매정한(?) 부모입니다. ㅎㅎ

하이테크

모든 영역에는 고난도 기술이 있습니다. 자녀 양육에도 이런 고난도 기술이 있습니다.

아이의 생각과 감정을 존중하면서도 아이의 요구에 끌려 다니지 않는 것. 순종을 잘하면서도 자기 표현을 잘하는 아이, 공손하고 당당한 아이로 키우는 것. 잘못된 행동을 꾸짖으면서도 인격을 비난하지 않는 것. 온화하면서도 기준을 지키며 단호하게 교정하는 것. 이런 것들은 자녀 양육의 꽃이면서 하이테크에 속하는 고난도 기술이요 줄타기와 같은 곡예입니다.

행동이나 요구 수용에 있어서 가와 불가를 명확히 하는 등 한계를 분명히 하고 그 한계를 일관성 있게 지키는 부모는 아이에게 자유함을 줍니다. 마치 울렁다리에 난간을 설치해 주면 그 안에서 마음껏 뛰듯이 아이는 한계 내에서 선택의 자유를 누립니다. 안정감에 근거하여 독립심과 모험심, 도전정신, 상상력과 창의력이 잘 발달됩니다.

대화를 많이 하고 감정을 존중하고 인격적으로 대우하지만 안 되는 것은 단호하게 안 된다고 말할 수 있어야 합니다. 자기 표현을 너무 중하게 여기면 순종을 모르는 고집 센 아이로 키우기 쉽고, 순종을 절대시하면 자기 표현이 없는 무력한 아이로 키우게 되기 때문입니다.

권위자에게 자기 생각과 감정을 공손의 바구니에 담아 전달할 수
있는 당당함과 공손함을 병존시키는 능력은 굉장히 매력적입니다.
그러한 능력은 가정에서 부모의 양육 방식에 따라 형성됩니다.
또 우리는 자녀의 잘못된 행동에 대해 불쾌감을 표시하고 꾸짖고
교정하지만, 인격을 비난하지 말아야 합니다.
"넌 맨날 그러냐?" "넌 허구한 날 그러고 있냐?" "니가 하는 게 그렇지"
"멍청한 녀석" 등 인격에 대한 비난은 자녀의 마음에 상처를 주고
격노케 하면서 그러한 행동을 오히려 강화시킵니다. "그것은 옳지
않아~ 엄마도 너가 이렇게 하는 거 싫다"와 같이 구체적으로 행동에
대한 불쾌감과 꾸짖음은 아이들의 마음에 상처를 주지 않고 오히려
한계를 명확히 하는 효과를 주어 교정에 이르게 합니다.

이것은 결코 감정적인 훈계가 아닙니다. 이런 경우 아무리 크게
징계를 해도 아이는 노엽게 되지 않는 것을 경험상으로 잘 알게
됩니다. 비난과 무시 등 감정적 징계는 아무리 작아도 아이는
노여워하고 감정적 상처를 입습니다. 우리는 온화하면서도 동시에
단호할 수 있습니다. "그건 안 된다." 온화하게 표현하면서도
물러서지 않고 단호하게 그 선을 유지하는 것을 자녀는 간절히
원하고 있습니다.

책과 영재

독일의 대학자인 칼 비테의 아버지는 평범한 사람이지만 훌륭한
자녀 교육가였습니다. 그는 아이와 눈 맞추고 이야기하고 공감하고
몸으로 놀아 주는 것을 아주 중요하게 생각하였습니다.
우리에게 영재라 알려지다 소리없이 사라지는 영재들을 많이
봅니다. 영재라 알려진 아이는 주위 사람들의 기대를 한몸에 받고
그 과도한 기대 속에 영재성이 빛을 잃게 됩니다. 지혜로운 부모는
적시에 드러날 수 있도록 영재성을 감춥니다. 그 아이는 오리와
같이 별다르지 않게 자라다 백조가 되어 날아 오릅니다.

책은 부모들에게 매우 민감한 부분입니다.
우리는 다른 아이들이 책을 잘 읽는 것을 보면 참 부럽습니다.
특히 어린아이들이 도서관에서 몇 시간씩 책 읽는 것을 보면 우리
아이들은 언제 책 좀 읽을까 하며 비교도 되고 걱정도 되어 한숨을
쉽니다. 그런 부모를 위하여 위로되는 소식을 전합니다.
최근 연구에 의하면, 늦게 책을 읽는 아이가 평생 책을 가까이할
확률이 높다고 합니다.

어린아이가 도서관에서 몇 시간씩 책 읽는 것은 일반적으로는
건강한 것이 아닙니다. 아이들은 뛰어노는 것을 좋아하고 또한,
실제로 노는 것이 더 중요한 단계입니다. 이 시기는 아이가

읽는 것보다 부모가 읽어 주는 것이 중요하고 읽는 것 자체보다
읽은 것을 자신의 말로 하게 하는 나레이션이 중요합니다.
책은 친구와 같아서 경계심을 가지고 좋은 책을 분별하는 능력을
키워 주는 것도 중요합니다. 분별할 수 있는 능력이 생길 때까지는
아이에게 아무 책이나 읽게 하지 않고 걸러 주어야 합니다.

온 가족이 같은 책을 읽고 이야기하고 토론하는 것은 최상의
교육입니다. 가족 독서 시간을 마련하여 부모가 읽어 주거나
돌아가면서 읽는 것은 가족이 함께하는 추억을 줄 수 있으면서도
지적인 도전을 줄 수 있습니다.다양한 분야의 책을 읽도록 권하는
것과 부모의 책 읽는 습관 또한 필요합니다. 마지막으로 책 읽은 것을
보상하게 되면 당장에는 많이 읽게 할 수 있지만 책 자체에 대한
흥미는 감소시키는 결과를 가져옵니다. 적어도 초등 시기까지는
책 읽는 것보다 함께 노는 것이 중요하단 생각으로 책을 읽으라고
요구하기보다 한 달에 한 번이라도 서점이나 도서관을 간다거나
거실에 중심 되신 TV를 치우고 책장을 놓는 등 환경적으로
자연스럽게 책을 접할 기회에 노출시켜 책에 대한 부담감보다는
친밀감을 갖게 하는 것이 중요합니다.

학습이란

외국의 교수들이 한국 대학에 와서 강의하면서 크게 놀라는 것이
있답니다.

"한국 대학생들은 배움을 거부하는 것 같아요."

그들에게는 질문도 없고 조용하게 듣고만 있는 한국 학생들이
배움을 거부하는 것으로밖에 느껴지지 않는다고 합니다.

수동적인 지식수용 태도와 조각 지식, 교과서적 지식에 익숙한
한국 학생들은 어느 나라보다 세계 유수대학 진학률이 높지만
낙제율도 어느 나라보다 높습니다. 발표와 토론 문화에 익숙지
않은 한국 학생들은 스스로 학습하고 토론하는 대학문화에
경쟁력이 없습니다.

부모들의 기도 역시 대학 입학에 집중되어 있기 때문에 그들을
뒷받침해 줄 부모의 기도 또한 끊어지는 이중고(?)를 겪습니다.
그와 연장선상으로, 배움을 즐거워하지 않기에 평생 학습에서도
뒤떨어집니다.

그렇기에 부모들은 자녀에게 지식을 주입하려기보다는 배움을
즐거워하는 것을 우선적으로 고려해 능동적 지식수용 태도를 갖게
하여야 하고, 꿈과 비전을 심어 주어 스스로 동기부여할 수 있는
아이로 키워야 합니다.

자녀가 배움을 즐거워한다면 학습에 대해 걱정할 필요가 없습니다.

당장의 지식량에 상관없이 그는 평생을 배우는 자로 살기 때문에
장기적으로 지적 우위를 확보합니다.

학습 방법도 일방적 강의식을 탈피해 토론회나 나레이션, 발표회
등으로 전환해야 합니다. 지식도 단편적인 지식들을 짜깁기한
교과서를 탈피해서 다양한 분야의 책을 통해 지식을 사고력이라는
두레박으로 길어올려야 합니다.
현실적으로 교육 현실이 그렇지 않지만 우리에게 치열한 몸부림이
있다면, 교육 현실을 바꿀 수는 없지만 맹모의 열정으로 자녀에게
다른 현실을 창조해 나갈 수 있습니다.
독서 리스트를 정해 자녀와 다양한 분야의 책을 같이 읽고
식사시간을 이용해 대화를 나눈다면 참 좋습니다. 신문 스크랩을
통해 시사에 대해 이야기해 보는 것도 좋습니다. 그것을 통해 자녀의
세계관을 건전하게 형성시켜 줄 수 있습니다. 식탁에서 경제
이야기를 하다 보면 얼마 지나지 않아 아이들이 현 경제와
통화정책 등에 관한 나름대로의 의견을 말할 것입니다.

100권의 책을 읽는 것보다 한 권의 책을 읽고 토론하는 것이 훨씬
좋습니다. 국가적으로 문제가 되는 공직자들의 협상력 결여,
대화와 설득, 타협과 존중의 결여는 토론 문화의 부재로 일어나는

사회적 손실이요, 우리 사회의 성품의 결여를 의미합니다.
그로 인해 경제적으로는 발전했지만 그에 상응한 사회적 성숙함은
아직도 후진적입니다. 질문과 대답, 토론이 없다면 진정한 학습은
이루어지지 않는 것입니다.

학습에 있어서 우리 사회는 미래 세대에게 물고기만 주었지,
물고기 잡는 법은 가르쳐 주지 않고 있음을 직시해야 합니다.
아이에게 부어지는 단편적 지식의 홍수는 단당류를 직접 혈관에
주사하는 것에 비유할 수 있고, 책과 토론을 통한 지식은 녹말과
같은 복합당을 체내 소화액의 작용으로 공급하는 것에 비유할 수
있습니다. 소화작용, 곧 사고력을 통하여 지식을 흡수하게 되는
것입니다. 기능적으로 뇌를 보면 후두엽에서 단순 정보를 받아들이고
그것을 전두엽으로 넘겨 분석 판단하게 됩니다. 그러니까 우리의
배움은 말하자면 후두엽에서 끝나버려 전두엽은 활성화되지 않고
녹이 슬어 사고력에서 현저히 떨어지게 되는 것입니다.

이젠 아이들이 학교에서 돌아오면 "학교에서 선생님 말씀 잘 듣고
많이 배웠니?"보다는 "학교에서 선생님께 질문 많이 했니?"라고
말하는 부모님이 많아졌으면 좋겠습니다.

뒷동산, 넘어지고 일어서기

방패

자기 의사를 정확히 표현하지 못하는 아이들이 있습니다.
그런 아이들은 무언가를 먹고 싶을 때 "나도 먹고 싶다…" 하며
말끝을 흐립니다. 그러면 대부분 어른들은 "아~ 먹고 싶어?" 하며
줍니다. 그렇게 되면 자신의 의사를 정확하게 표현하지 않는 행동이
강화됩니다. 그래서 요구사항을 정확하게 말로 표현하면 주는
훈련을 하는 것이 필요합니다. "물…" 하면 다시 정확하게 말하게
해야 합니다. "물 주세요"라고 말하면 그때 줍니다.

이야기할 때 눈을 보고 말하게 하고, 부르면 눈을 보고 대답하게
합니다. 아이는 잘 모르는 사람에겐 잘 말을 걸지 못하고 뒤로 빼며
대신 말해 주기를 요구합니다. 그러면 모진(?) 아빠는 절대 대신
말해 주지 않고 직접 이야기하도록 합니다. 모두 당당하고 자신감
있게 행동하도록 훈련시키기 위함입니다.
"넌 왜 그렇게 자신감이 없냐?"라고 비난하거나 "자신감 좀
가져라" 하고 요구하기보다는 실제적으로 자신감을 갖도록 도와주어
아이의 자신감을 길러 주어야 합니다.

또 어떤 아이들은 다른 아이들의 부정적 반응에 쉽게 위축됩니다.
그것 때문에 하던 것을 중단하거나, '질까, 잘못될까, 실수할까'
걱정하며 경쟁에 참여하지 않습니다. 마음이 생채기가 나서

건강하지 않은 것입니다. 마음의 길이 그리로 난 것이니 부모는 미리 상황을 예상하여 아이에게 방패를 채워 주어야 합니다.

"'그것도 몰라?'라고 친구가 말하면 부끄러워하거나 위축될 필요 없어. 모르는 건 부끄러운 거 아니야. 모르면서 아는 척하는 것이 부끄러운 거야. 어떤 부분에선 너가 그 친구보다 많이 아는 것이 있어. 그러니까 그럴 땐 '그거 몰라. 나 아직 안 배웠어'라고 당당히 말하는 거야."

그러니까 요즘은 모르면 모른다고 너무 당당하게 말해 좀 민망할 때도 있습니다. ㅋ

잘못했을 때는 적극적으로 사과하거나 해명하는 훈련을 시킵니다. "잘못은 누구나 할 수 있어. 하지만 그 이후가 중요하단다. 잘못을 인정하고 사과하고 해명할 것은 해명하는 거야. 잘못하는 것이 부끄러운 것이 아니야. 잘못을 알면서도 인정하지 않고 사과하지 않는 것이 부끄러운 거야"라고 기회 있을 때마다 말해 줍니다.

누가 "바보"라고 자기한테 부정적 메시지를 던지면 "나 바보 아냐!"라고 방패로 쳐내며 자신을 보호하는 법을 가르칩니다. 모르면 "몰라", 바보라고 하면 "나 바보 아냐!" 의기소침함이 끼어들 자리가 없습니다.

뒷동산, 넘어지고 일어서기

'왜 그렇게 못해! 내가 훨씬 잘하지?' 하면 '어~ 안 해봐서 아직
잘 못해. 넌 많이 해봤구나, 잘하네."
몰라도 당당합니다. 잘 못해도 당당합니다. 배우면 되니까,
부끄러운 것이 아니니까.

"친구들과 경쟁하다 보면 이길 때도 있고 질 때도 있고 계속 질 수도
있어. 그것 가지고 속상해할 필요 없어. 아빠는 너가 이기는 것보다
즐겁게 하는 게 좋아."
이렇게 가르치고 훈련하면, 몰라도 져도 놀림 받아도 추궁받아도
무시받아도 크게 개의치 않습니다.

예상 상황과 부정적 반응, 적절한 반응을 리스트로 작성해서
아이들과의 시간에 반복적으로 가르치고 기회가 있을 때마다 그렇게
말하도록 훈련시키세요. 어느샌가 아이는 방패를 들고 자신감 있게
뛰어다닐 것입니다.

즐기는 놈

뛰는 놈 위에 나는 놈 있고, 나는 놈 위에 업혀가는 놈 있듯, 열심히
하는 놈 위에 죽어라고 하는 놈 있고, 그 위에 즐기는 놈이 있습니다.
어떤 아이는 축구를 좋아합니다. 하지만 일단 선수가 되면
즐기기보다 승부가 더 중요하고 대학입학이 더 중요합니다.
차츰 흥미는 줄어들고 목표만 남습니다. 그러니 종종 보이던 창의적
플레이도 자취를 감춥니다. 대선수가 나올 수 없습니다.

아이들은 기본적으로 배움에 대한 욕구가 큽니다. 하지만 압력으로
작용하면 배움에 대한 욕구는 온데간데 없고, 대학이라는 목표만
남습니다. 창의력과 상상력 등 사고력은 죽고 암기력만 남아, 대학에
입학하면 지쳐 쓰러집니다. 책은 꼴보기도 싫습니다.
우리나라 성인들의 독서율을 보면 알 수 있습니다. 대학자가 나올 수
없습니다.

특권

미 백악관 대변인이 자녀들과 함께하기 위해 사임을 했다는 뉴스는
신선하기 그지없습니다.
많은 부모들이 자녀들과 함께하는 시간을 부담스러워합니다.
방학이 다가오면 아이들의 표정은 밝아지고 부모님들의 표정은
어두워집니다.

자녀와 함께한다는 것의 가치와 그 즐거움을 모르기 때문입니다.
자녀와 함께함은 기쁨이자 특권입니다.
자녀의 성품과 지혜는 부모와 함께하는 일상의 시간들을 통하여
형성된다는 점을 알아야 합니다.

이이들은 가정에서 배워야 할 것들이 많습니다. 교육이 국영수가
아니라 참된 인간성의 회복에 있다는 것에 동의한다면, 교육의
장소는 가정이고 교육의 주체는 부모입니다.

개척

나날이들이 청소년이 되면서 이제와는 또 다른 새로운 차원으로
인도하십니다. 청소년기는 개척해 나가야 하는 미지의 땅입니다.
부모 입장에서는 솔직히 두렵고 당황스럽기도 합니다. 지금까지
지식으로 열정으로 자녀를 키웠다면, 이제는 지혜로 키워야 하는
쉽지 않은 길로 들어섭니다.

이제는 통제력에서 내려, 영향력으로 갈아타야 할 시점입니다.
순종을 요구하기보다 대화와 설득의 기술을 개발해야 할 때입니다.
이제까지 자녀들이 가는 길 한발 앞에서 이끌었다면, 이제 자녀들의
한발 뒤에서 조언자요 든든한 후원자로 서야 할 때입니다.

이 전환이 쉽지 않습니다.
마음에는 통제권에 대한 미련이 아직 남았나 봅니다. 놓았다 싶으면
어느새 쥐고 있습니다. 어른과 아이 사이를 왔다 갔다 하는 아이들,
번데기를 찢고 나오려는 호랑나비 같은 아이들, 독립의 몸짓, 이젠
품을 열고 기다려야 합니다. 언제든 안길 수 있도록….

일대일

오늘은 아들과 오랜만에 일대일 시간을 가집니다. 함께 시내에 나가
북헌팅을 하고 같이 먹고 같이 이야기합니다.
여러 자녀들과 하루를 보내지만 어떤 때는 한 자녀에게 집중적으로
시간을 내어주는 것이 필요함을 느낍니다. 그 시간은 집중적으로
한 자녀의 탱크에 사랑이라는 연료를 채워 주는 시간입니다. 실제로
일대일 이후에 자녀와는 훨씬 친밀해지고 생기도 발랄해집니다.
내일이 되면 가만 있어도 아빠의 입에 쌈을 넣어줄 것입니다. ㅋ

부모는 모두 자녀들을 사랑합니다. 하지만 부모가 자신을
사랑한다고 생각하는 자녀들은 많지 않습니다. 어떤 부모는 참
인격적이고 사랑이 많아 자녀들을 차별하지 않고 고루고루
그 사랑을 표현합니다. 하지만 놀랍기도 하고 이상하기도 한 것은
이런 경우에도 자녀들은 부모님이 자신을 사랑한다고 생각지 않으며
낮은 자존감을 호소한다는 것입니다. 왜 그럴까요?

부모님의 차별 없고 공평한 사랑은 부모에 대한 친밀감과 자존감
형성에 큰 영향을 끼치지 않습니다. 그것은 단체 선물이 좋긴 하지만
우리에게 큰 의미로 다가오지 않는 것과 같습니다.
한 자녀와의 개인적인 시간을 통하여 개별적인 사랑과 관심을
표현할 때 자녀들은 친밀감을 느끼고 높은 자존감을 형성합니다.

한 자녀와의 개인적인 시간을 확보하지 못한다 할지라도 이를
의식하면 삶의 순간순간에서 한 아이를 개별적으로 안아 주고
자녀의 소중함과 자녀에 대한 사랑을 고백할 수 있는 시간과
기회들이 있습니다.

우리의 자녀들은 여럿 중에 하나가 아닌 자신만을 향한 부모의
사랑을 확인하고 싶어 합니다.
부모가 그리할 때, 자녀들은 부모가 자신을 여럿 중에 하나 혹은
여럿이 묶인 하나가 아니라 자신을 개별적으로, 개인적으로 또는
단독적으로 사랑한다고 느끼며 그제야 부모의 사랑을 인식합니다.
이것은 자녀가 높은 자존감을 형성할 수 있도록 결정타를 날리는
것입니다.

비교

이스라엘 속담 중에 "형제를 비교하면 둘 다 죽인다"라는 말이
있습니다.아이들을 키우면서 가장 신경 쓴 부분이 있다면 자녀들을
비교하지 않는 것입니다. 비교를 당하는 아이들은 자신을 열등한
존재로 생각하거나 우월한 존재로 생각합니다.

다른 사람을 비교의 대상으로, 경쟁의 대상으로 생각하기 때문에
다른 사람이 잘했을 때 진정으로 칭찬하거나 다른 사람이 못했을 때
진정으로 격려해 주지 못합니다. 진정한 인간관계나 사랑이 어렵게
된다는 것입니다. 품성적인 결핍이 자연히 뒤따릅니다.

비교 의식이 있으면 열등감을 가진 아이든, 우월감을 가진 아이든,
자존감이 건전하게 형성되지 않습니다. 자신이 우월한 환경이
항상 조성되어 있기란 불가능합니다.

우월감을 가진 아이가 자신보다 우월한 아이들을 만나면 그 내면에
비교인자가 날이 서 있기 때문에 열등감으로 급전환됩니다.

명문대학에서 공부하는 학생들 가운데 열등감이 최고조로 나타나는
것을 우리는 사회학적 조사나 연구를 통해 알게 되는데 그것은
당연한 결과입니다.

가정에서나 학교에서나 비교로 길러진 아이들이기 때문입니다.

비교는 우리 사회의 치명적인 질병입니다. 문제는 자녀들이
살아가는 데 있어 필수적인 연료인 자존감은 아이 스스로 내면

가운데 형성되는 것이 아니라는 것입니다. 아이들은 어릴수록
수동적 존재이기 때문에 주위의 시선이 그대로 자존감에
반영됩니다. 특히 부모의 영향은 절대적입니다. 부정적 반응을 많이
받을수록 아이의 자존감은 낮게 형성되고, 긍정적 반응을 많이
받을수록 아이의 자존감은 높게 형성됩니다. 이 자존감의 고저는
정체성의 중요 요소이기도 합니다. 하지만 더 중요한 것은 낮든 높든
건전하게 형성되어야 한다는 것입니다. 비교로 자존감이 형성되거나
부적절한 칭찬으로 또는 틀린 사실 위에 형성된 자존감은 언제
무너질지 모르는 구조물인 불건전한 자존감이 됩니다.

외동딸로 좋은 가정에서 너무나 인격적 대우만을 받은 사람은
나중에 그와 같은 대접을 받지 못하면 자신을 무시하는 것이라
생각하고 분노합니다. 엄마의 분만을 통한 친딸로 인식하며 형성된
자존감이 입양을 통한 친딸임을 알게 될 때 급격하게 무너지는
것은 틀린 사실에 입각한 자존감이기 때문입니다. 공개 입양이
중요한 이유이기도 합니다.
부모가 심어 주는 자존감과 형제들이 심어 주는 자존감, 다른
사람들이 심어 주는 자존감이 섞이며 재조정됨으로 건전한 자존감이
형성됩니다. 형제들이 많은 것이 비교 대상이 되지 않는다면 건전한
자존감 형성에 유리합니다.

곰팡이

유례 없이 습한 올해 곰팡이 소탕작전을 벌이며 액자 뒤의 곰팡이를
닦고 볕에 말립니다. 제습기를 들여놓기 전에 생긴 곰팡이는 일일이
제거하지 않고는 여간해서 없어지지 않습니다.
습관도 마찬가지입니다. 결혼 후 다툼의 원인들도 알고 보면
이 습관이란 녀석 때문입니다. 좋은 습관이 많은 사람은 피(?) 흘리지
않고도 그만큼 좋은 결혼생활을 하게 되어 있습니다.

자녀 양육의 키포인트는 좋은 습관을 형성시켜 주는 것입니다.
우리의 하루 생활을 잘 들여다보면 대부분이 습관을 따라 행하는
것을 알 수 있습니다. 이 습관은 한번 붙으면 조매 바뀌지 않습니다.

우리는 보통 아이가 불을 켜고 끄지 않으면, "너는 불은 켤 줄만
알았지 끌 줄은 모르니?" 하고 쏘아붙이듯 잔소리를 합니다. 하지만
잔소리 10년으로 바뀌지 않는 것이 습관입니다. 오히려 잔소리는
아이의 그런 행동을 지속하고 강화하는 데 특효가 있습니다.
"불이 켜 있네? 불을 계속 켜두면 전기 사용료가 많이 나온단다"와
같이 상태를 설명하고 정보를 제공하며 나아가 에너지와 지구온난화
등 환경문제에 대한 대화를 하게 되면 금상첨화입니다.

모든 순간은 교육의 기회입니다. 물론 다음에는 "불이 켜있네" 하고

상태만 설명하고 끄게 하시면 됩니다. 다소 차이가 있겠지만 석 달만 일관적으로 꾸준하게 시행하면 뇌신경에 일정한 길이 생겨 습관으로 형성됩니다.

습관은 반복을 통하여 형성됩니다. 목소리 높일 필요 없고 위협할 필요도 없습니다. 단순히 반복하게 하면 됩니다. 습관이 반복으로 형성되는 것은 중력과 같은 자연법칙과 같습니다.

자녀를 키우는 데 있어 우린 여러 지식을 사용해야 합니다. 그중 하나가 뇌신경학적 지식입니다. 갓난아이를 늘 보행기에 앉혀 기는 과정을 생략함으로 뇌 발달에 지체를 초래하는 경우나, 문제의식 없이 미디어에 장시간 노출시킴으로 언어발달이나 공감능력 등에 장애를 초래하는 등 지식이 없어 자녀 양육에 큰 어려움을 겪게 되는 경우가 있습니다. 그 뇌신경학적 지식의 한 부분이 반복의 힘으로 인한 습관의 형성이고 그것이 아이의 삶의 전반에 지대한 영향을 끼친다는 것입니다.

인생 경주는 좋은 습관이라는 옷을 입고 뛰어야 합니다.

쓰리쿠션

어떻게 하면 자녀를 독립심이 있고 자율성을 가진 아이로 키울 수 있을까 우리는 고민하게 됩니다. 유치원 연령대에는 선생님이 질문하면, 여기 저기 "저요! 저요!" 정말 시끄럽습니다. 선생님이 "누가 해볼까?" 하면 "제가 해볼래요, 저요! 저요!" 누구를 시킬지 고민스럽습니다. 하지만 학년이 올라갈수록 이런 모습은 찾아보기 힘듭니다. 여러 가지 이유가 있겠지만 틀렸을 때, 실패했을 때 부정적인 반응을 경험했기 때문일 것입니다.

자녀가 실수와 실패를 했을 때 우리가 너그러운 태도를 보여야 하는 이유입니다. 자녀가 새로운 시도를 했을 때 우리가 격려하고 칭찬해야 하는 이유입니다. 자녀가 스스로 해보고자 할 때, 위험하거나 다른 사람에게 피해가 가지 않는다면 스스로 해보도록 허용해야 하는 이유입니다. 알아서 도와주기보다 도움을 요청할 때 선별적으로 도와주어야 하는 이유입니다. 자녀가 외부 세계에 대한 능동적 관심과 반응을 보일 때 우리는 지지하고 응원해야 합니다.

자율성과 독립심은 직접적인 관계가 있습니다. 자율성을 가진 아이는 독립심을 가지고 자신의 인생을 주체적으로 살아갈 준비가 되는 것입니다. 자율성과 독립심은 저의 진부한 표현으로, 인생의 연료이자 기초입니다. 실수와 실패에 대해서 부모로부터 너그러운 태도를 경험한 아이는 실패를 두려워하지 않고 실패해도 다시 일어서는 탄력적인 사람으로 자랄 가능성이 높습니다. 새로운 시도에 대해 격려를 받으며 자란 아이는 적극적인 인생의 태도를 가지고 자랄 가능성이 높습니다.

자녀들은 자라나면서 점점 자율성과 독립심의 태도를 자연스럽게 보이기 시작합니다. 이때 부모는 그것을 민감하게 인식하고 손상시키지 말아야 합니다. 아이가 독립심과 자율성에 책임감까지 가진다면 뭐라고 표현할 수 있을까요? 쓰리쿠션? ㅋㅋ

인과관계

모든 일엔 원인이 있으면 결과가 있습니다. 신중함과 책임감은
인과관계의 토양에서 자랍니다.

겨울이 되면 옷 때문에 아이와 대립하는 가정이 있습니다. 부모는
아이가 감기에 걸릴까 봐 옷을 두껍게 입으라고 하고, 아이는
한여름이라도 만난 양 얇고 멋진 옷을 입으려고 합니다. 한참
실갱이가 벌어진 후, 결국 투덜대는 아이에게 두꺼운 옷을 입혀
나옵니다. 다르게 반응해 보면 어떨까요?
부모는 "깠꺼! 감기 한번 걸려봐라" 하고 모진 맘을 품고 내버려 두고
외출해서도 모진 맘으로 옷을 벗어 주지 않습니다. 달달 떨며 하루를
지낸 아이는 이후로 겨울 추위에 얇은 옷을 입으라고 해도 안 입을
것입니다. 이와 같이 결과를 지속적으로 경험케 하면 아이는 자신의
행동이 미칠 결과와 영향을 자연스레 고려하게 됩니다. 이것은
신중함과 책임감 있는 행동을 유발하게 하고 습관을 갖게 합니다.

결국 신중하고 책임감 있는 성품을 가진 아이로 자라게 됩니다.
지혜로운 부모는 자녀가 실수와 실패를 했을 때 격려를 아끼지 않지만,
그 결과는 아이의 몫으로 돌립니다. 자신의 행동에 책임을 지게 하는
것입니다. 행동하기 전에 자신의 행동 결과를 미리 생각하고 행동
결과에 대해서 책임을 지는 아이… 생각만 해도 멋지지 않습니까?

권위

자녀를 키우면서 어떻게 하면 권위에 대한 바른 태도를 심어줄 수
있을까 고민하게 됩니다.

우리는 언어생활 중에 부지불식간에 권위에 대한 부정적인 태도를
아이들에게 심어 줍니다. 아이들이 대통령의 이름을 호칭 없이
함부로 사용하는 것은 정말 뜨악할 일입니다.

군생활에서 대표적으로 한국군과 미군의 차이를 경험한 것은 권위에
대한 부분입니다. 한국군은 겉으로는 대단히 권위를 중요시하지만,
속으로는 권위를 존중하지 않습니다. 그래서 앞에서는 "충성"
소리치지만 뒤에서는 욕하고 그 말에 순종하지 않습니다.

미군들은 여단장이나 일병이나 쉴 때 보면 친구 같습니다. 편안하게
짝다리 짚고 자유롭게 맞담배 피며 키득거립니다. 장군이라도 늦게
오면 식당 줄에서 일병 뒤에 서는 것은 그들에겐 당연한 일입니다.
한국군으로서는 상상도 할 수 없는 광경입니다.

더 놀란 것은 미군 사병들이 지휘관의 명령에 우리와는 대조적으로
순종적이라는 것입니다. 우리의 실제 모습과는 정반대입니다.
전쟁 때 가장 많이 죽는 사람이 소대장이라고 합니다. 소대장이
"나를 따르라" 하고 앞서가면 "충성" 하며 소대장을 쏘아 밟고
지나간다는 우스개 소리가 있습니다. 그만큼 우리는 권위에 대한
상처가 많고 따라서 권위에 대한 태도가 냉소적입니다.

2002년 한일 월드컵이 생각납니다. 나는 당시 코엑스에 설치된 국제방송센터에서 전 세계로 월드컵방송을 송출하는 곳에서 청약업무를 담당하였습니다. 이곳에서 월드컵방송 주관사인 HBS와 함께 일하였습니다. 각 경기장에서 들어오는 주관방송사 제작 화면을 청약을 받은 나라로 인공위성이나 해저케이블을 통하여 보내 주었습니다. 살얼음을 걷는듯한 긴장 속에서도 각국 방송 관계자들과 HBS직원들이 우리를 보면 엄지손가락을 쳐들며 한국팀 대단하다고 할 때면 고생이 고생 같지 않았습니다.

그곳에서 HBS에서 일하는 직원을 만났는데 나는 그가 평직원인 줄 알았습니다. 왜냐하면 다른 직원들과 별다른 차이를 느끼지 못했기 때문입니다. 같이 커피 마시고, 손수 복사하고, 따라 다니는 사람도 없고….

어느 날, 매일 아침에 하는 방송 관련 회의에 우리측 고위 책임자가 참석하지 못하게 돼서 대신 잠깐 들어갔다가 IOC 위원장 옆에 앉아 있는 사람을 보고는 깜짝 놀랐습니다. 그는 바로 내가 복사기 옆에서 인사를 주고받던 사람이었습니다. 알고 보니 그는 HBS 사장이었습니다.

하루는 우리 회사 한 임원이 출동하여 둘러보는 날이었습니다. 전날부터 우리는 임원 맞이에 올인하였습니다. 부지런히 청소하고 보고자료 만들고 눈에 띄도록 여러 가지 장식(?)을 붙이고….

당일 날, 임원은 10명 정도를 거느리고 출동해서 5분 정도 둘러보고 돌아갔습니다.

허탈하기도 하고 HBS 직원들 보기에도 창피해서 얼굴이 화끈거렸던 추억(?)이 있습니다. 국제행사에서 늘 경험하던 일이지만, 내게 권위에 대한 생각을 많이 하게 된 시간이었습니다.

우리는 권위자와의 관계가 왜 그렇게 부자연스러운 걸까요? 집으로 돌아가면, 모두 부모이며 자식이고, 한 인간인데 왜 그렇게 벽을 치고 또 군림하려는 걸까요? 이런 관계에서 어떻게 의사소통이 이루어질까요? 섞이지 않는 심적·육적 공간에서 다른 언어를 쓰고 있다면 서로의 말을 어떻게 이해할까요? 혈액이 돌지 않으면 우리 몸은 어떻게 될까요? 우리가 대물리지 말아야 할 빚이 있다면 권위주의도 한몫입니다.

우리 안에는 다 독재성이라는 것이 있습니다. 자녀를 키우는 부모로서 우리는 그 독재성의 위험에 늘 처해 있습니다. 자녀의 성장을 위한 권위 행사가 아니라면 독재성에 기반한 권위 행사라고 할 수 있습니다. 그러한 권위 행사는 아이의 마음에 생채기를 내고 권위에 대한 반감을 키웁니다.

자녀와의 대화가 어렵다면, 나만의 언어를 사용하고 있는지 점검해

보아야 합니다. 하나님은 우리의 언어를 가지고 우리에게
다가오셨고 우리와의 교제를 회복하셨습니다. 권위자로서 우리는
자녀와 같은 연약한 인간임을 인정하고 자신의 죄를 고백하고 자신도
틀릴 수 있으며 용서를 비는 등, 동반자의 길을 모색하여야 합니다.
같이 커피 마시고 같이 복사기 돌릴 때 안정감이 우리를 둘러쌀
것입니다. 그렇지 않으면 이끌어가는 부모나 끌려가는 자녀나
서로 힘들고 지치고 쓰러질 것 같은 불안이 우리를 어렵게 만들
것입니다.

자신이 교육부 장관이라도 자녀의 선생님이라면 깍듯하게 한 명의
학부모로서 존경을 표하고 선생님의 지침을 따르는 것이 옳습니다.
심지어 대통령이라도…. 그렇지 않으면 자녀는 부모에게는
만족할 만한 순종의 태도를 보일지라도 다른 권위에 대한 태도는
방자해집니다.

황당

떼 부리는 아이를 볼 때 절로 미소지어집니다. 그때 갑자기 아이 어머니께서 하시는 말씀, "아저씨가 이놈 하시지." 헉~ 그럴 때 황당함이란… 표정을 어떻게 해야 할지 판단이 안 섭니다. '아이가 날 어떻게 생각할까? 내겐 귀엽고 사랑스러운데… 그냥 이놈 하시면 될 건데… 왜 나까지 끌어들이셔서 난처하게 만드실까?

어릴 때 부정적 행동을 했을 때 어머니께서 자주 하시던 말씀, "경찰 온다! 니 잡아간다!" 지금도 경찰만 보면 죄 지은 것 없는데 괜히 눈치 보이고 내가 죄가 없음을 변명하려는 상상 속에 빠지는 거… 나만 그런가요?

숲속 왕벚나무에서 하얀 눈이 내립니다. 아내가 아이들에게
이야기를 해주는데 그 이야기가 내 귀에 번쩍 뜨입니다.
하루는 아빠가 조지 와싱턴에게 도끼를 선물해 주었답니다. 숲이
우거진 그 당시에는 필수품이었습니다. 그런데 조지는 그 도끼로
아빠가 가장 아끼는 체리나무를 베어 버렸답니다. 실수였겠죠.
조지는 아빠에게 가서 자신이 아빠가 아끼는 체리나무를 베었다고
용서해 달라고 하였답니다. 그러자 아빠는 "오늘 난 체리나무를
잃었지만 정직한 아들을 얻었구나" 하며 기뻐하였답니다.

그 이야기에 가슴이 뭉클합니다. 아끼는 체리나무가 베어진 결과를
본 것이 아니라 조지가 보여 주었던 성품에 집중하여 칭찬해
주었던 조지 와싱턴의 아빠…. '조지 와싱턴이라는 걸출한 인물
뒤엔 성품에 집중하는 아빠가 있었구나' 하는 생각에 마음이
따뜻해지고 더욱더 결과보다는 과정과 성품에 집중해야겠다는
동기부여가 확실히 됩니다.

이솝 우화의 '양치기 소년 이야기'보다 조지 워싱턴의 '체리나무
이야기'를 하는 것이 아이에게 거짓말을 하지 않도록 하는데 훨씬
긍정적으로 작용하고 내적인 동기부여를 일으킨다고 합니다.
거짓말에 대해 말하는 것보다 정직에 대해 말하는 것이 교육적

효과가 훨씬 크다고 합니다. 사람의 심리는 참 신묘망측합니다. ㅋ "천장 바라보지 마!"라고 하면 그 아이의 생각 중심에 천장이 자리하게 됩니다. "차도에 내려가지 마!" 하면 어떻게든 차도에 내려가고 싶습니다. 그것을 알면 부모인 우리는 이렇게 말할 것입니다. "바닥을 봐." "인도에 아빠랑 있자."

아이의 생각을 긍정적인 방향으로 열어 주는 자, 부모입니다.

매

요즘은 자녀에게 매를 대는 사람이 적습니다. 우리가 어릴 때는
자녀가 소유물이었고 아무리 자녀를 패대기(?)쳐도 누가 뭐라는
사람이 없었습니다. 요즘은 인격적으로 대우하는 것을 넘어
자녀에게 끌려다니는 부모가 적잖습니다. 부모가 자녀를 양육하는
것인지 자녀가 부모를 양육하는 것인지 헷갈립니다. 하지만 성경은
자녀에게 분명히 매를 대라고 합니다. 그것은 어릴수록 중요합니다.
율법이 나쁜 것이 아닙니다. 율법은 어린나무의 지지대와 같은
역할을 합니다. 우리는 자랄수록 지지대를 하나씩 떼다 완전히
떼야 합니다. 율법을 넘어 은혜의 법으로 들어가야 할 때가 옵니다.
그때는 통제력에서 영향력으로 갈아타야 할 때입니다.

그때 이전에는 필수전공과목에 대해서는 부지런히(?) 매를 대셔야
합니다. 매사를 매로 해결하려는 것도 문제지만, 매를 터부시하는
것은 더 위험합니다. 감정이 들어 있지 않은 매는 강할지라도 자녀를
교정으로 이끌고 건강하게 자라게 합니다. 감정이 들어 있는 매는
가시가 달려 있어 아주 가벼운 매라도 아이의 마음에 생채기를
냅니다. 우리는 훈육 리스트를 정하고 자녀에게 정말 필요하다고
인식되는 부분(필수전공과목)에는 일관성을 가지고 가감 없이 일정한
강도와 일정한 부위, 일정한 횟수로 매를 대야 합니다. 그럴 때
잠언 말씀과 같이 자녀 안의 미련한 것들이 벗겨지며 자녀는

건강하게 자라게 됩니다.

훈육 리스트는 자녀와 대화하며 공감대를 형성하는 것이
중요합니다. 이때는 분명히 부모의 요구와 기대를 명확히 하셔야
합니다. 부모가 당위성을 제시하면 아이도 수긍합니다. 매의 기준도
아이와 함께 정하는 것이 좋습니다. 자녀와 함께 만든 훈육 리스트와
적용은 자녀를 두려움에서 자유롭게 하며 안정감 있는 자녀로
자라게 합니다.

"아이의 마음에는 미련한 것이 얽혔으나 징계하는 채찍이 이를
멀리 쫓아내리라"(잠언 22장 15절).

Show me the life

자녀들이 어릴 때는 우유와 같이 몰랑몰랑한 것을 주어도
잘 자랍니다. 하지만 자라면서 단단한 식물을 섭취해야 건강하게
자랄 수 있습니다. 자녀들이 중고등학생 나이가 되면 단단한 식물을
요구합니다. 그것은 바로 부모의 말이 아닌 삶입니다.
그것을 섭취하지 않으면 자녀들은 마르기 시작합니다.
마음이 상하고 부대끼기 시작합니다.
아이들은 소리칩니다. "우리에게 삶을 보여 주세요. 죄송하지만
이젠 더 이상 아빠의 말은 필요 없어요."

어떤 아이는 자라기를 포기합니다. 그냥 젖으로 만족하며 순한 양
같은 어린아이로 있기를 선택합니다. 부모의 그늘을 벗어날 때
늑대가 오면 바로 잡아먹힙니다. 부모는 아이들이 자라든 말든
그것은 보이지 않는 것이고 일단 순하니 만족합니다. 적절히 체면도
세워 주니 더할 나위 없습니다. 어떤 아이는 반항합니다. 남보기
민망합니다. 그래도 부모가 겸손하면 부모나 아이나 성장의 가능성이
있습니다. 어떤 아이는 조용히 아주 조용히 다른 세상을 꿈꿉니다.
부모의 구심력이 떨어지는 시점에 혜성같이 튀어나갈 것입니다.
이제 이 땅은 리더에게 삶을 요구하고 있습니다. 아빠는 깨진
항아리요 터진 웅덩이라 잠긴 듯하면 어느새 텅 비어 있습니다.
"주님, 도와주소서. 타는 듯한 고통이 내게 있습니다."

코치

아이의 생활에 지나치게 개입을 하는 부모님이 많습니다.
영양이 부족하면 몸에 문제가 발생하고 영양 과잉이 되면 부족한
것보다 더 심각한 문제가 발생합니다. 어른들은 일정한 거리를
유지하며 아이들이 하는 것을 잘 관찰해야 합니다. 관찰을 통하여
아이들이 필요한 것을 보고 적시에 채워 나가는 것이 부모의
일입니다. 그러기에 정교한 관찰을 통한 정교한 교정이 수행되어야
합니다.

고엽제 뿌리듯이 무차별 분사하면 숲의 나무들이 다 죽습니다.
드론 폭격기같이 목표 지점만 정확히 타격하는 것이 필요합니다.
아이들의 문제에 사사건건 개입하면 스스로 해결하는 능력을
빼앗아 갑니다. 아이 안에 있는 자발성과 내면의 동기를 잠재웁니다.
자신의 힘으로 해결하려기보다 자꾸 외부의 힘을 의지하는 나약한
아이로 자라게 합니다.

"쟤가 나를 바보라고 놀렸어요." "야! 너 이리와 봐! 바보라고 했어?
어서 사과해." 우리가 흔히 보는 광경입니다.
"넌 너가 바보라고 생각하니?" "아니요." "그럼 어떻게 말하면 될까?"
"아~~" 아이는 가서, "나 바보 아니야"라고 외칩니다.
건강하게 자신의 힘으로 자기를 보호하는 것을 가르치는 것입니다.

이렇게 훈련된 아이는 남의 놀림이나 평가에 맘 상하거나 위축되지 않습니다. 부모는 코치입니다.

명코치는 잘 관찰해서 핵심적인 순간에 조커를 투입하고 작전타임 시간에 정확하게 짚어 줍니다. 막코치는 시도 때도 없이 지시하고 아무 때나 경기장 안으로 달려와 결국 퇴장 조치됩니다.

가장

가장으로서 가족들이 감사하고 의견에 잘 따라 주면 참 좋습니다.
하지만 때론 가족들이 불평하고 다른 의견을 말할 때 불편해지는
마음 또한 어쩔 수 없습니다. 하지만 가장이란 이 모든 것들을 다
받아야합니다. 부정적인 감정은 억압되면 상한 감정이 되고 그것이
쌓이면 감정체계에 이상을 일으킵니다. 그리고 나와는 다른 독립적인
인격체이기에 의견이 다른 것은 지극히 정상적인 것입니다. 문제는
가족들이 다른 의견을 제시할 때 나를 공격하고 나의 권위를
무시하는 것으로 받아들인다는 것입니다.

한때 이 문제로 참 많이 힘들었습니다. '왜 아이들이 다른 의견을
말하면 왜 나는 그렇게 기분이 상하고 내 권위에 반기를 든다는
생각이 들까?' 고민을 참 많이 했습니다. 그리고 결론을 내린 것은
'내 안의 권위에 대한 상처다'입니다.
사실 이 문제는 저 혼자만의 문제가 아니라 권위주의 시대를 산
모든 사람들의 문제입니다. 결국 제가 결정한 것은 권위의식을
내려놓기로 한 것입니다. 잘못했으면 용서해 달라고 빌고 내게 화를
내도 그것을 인정하기 시작했고 다른 의견도 자연스런 것으로
받아들이기 시작했습니다. 그때부터 나를 묶고 있는 사슬이
풀리는 것 같은 자유함을 느꼈습니다. 아이러니한 것은 이전과는
새로운 차원의 권위가 생기기 시작했다는 것입니다. 내 권위를

지키려 발버둥치는 것이 아니라 아래로부터 자연스럽게 떠받쳐지는 부력과 같은 권위를 경험하기 시작했습니다.

가장은 가정 내에 부정적인 감정이나 다른 의견이 자연스럽게 표출되도록 물꼬를 터주는 역할을 해야 합니다. 그래야 그 자녀들이 자신과 다른 의견 앞에 자유할 수 있습니다. 그렇지 않으면 갈등은 증폭되고 의사소통은 단절되며 관계에는 차갑고 두꺼운 벽이 생깁니다. 다른 의견 앞에서의 자유함, 그 반경이 클수록 자녀는 큰 그릇으로 준비됩니다.

새로운 길

하나님께서 준우에게 새로운 길을 여십니다. 국가가 전략적으로
키우는 과학기술기업인 새싹으로 선발되었습니다. 기존의 국영수
능력시험과 같은 결과기준형 선발과는 전혀 달리, 주체적
학습능력과 열정, 인내심, 도전정신, 판단력 등을 심층 평가하여
선발하는 선진 기준이 적용되었습니다.

화려한 성적표와 수상 결과들을 자랑하는 다른 아이들과 준우는
애초부터 비교가 되지 않았습니다. 준우가 심사위원들에게
업적이라고 제시한 건 성경 암송 뿐이었습니다. 준우도 재밌고
심사위원들도 재밌습니다. 목회자 영재 선발도 아닌데…. ㅋ
다만 준우가 가진 것은 과학 기술과 기업에 대한 삶의
스토리뿐이었습니다. 아들은 자신의 삶을 담담히 이야기하였다고
합니다. 아빠가 아픈 가운데 살면서 겪은 어려움과 그 속에서
경험하고 배워 갔던 이야기들, 스스로 배우며 기뻐했던 과학기술에
대한 지식과, 사업화에 대한 소망 등을 나누었다고 합니다.

아들에겐 눈에 보이는 화려한 결과는 없었지만, 향기 나고 눈물 나게
하는 삶의 스토리가 있었습니다. 겸손하게 세상을 섬기는 인재로
자라길 소원합니다.

크레센도

아이들이 어릴 때는 인본주의 교육에 심취하였습니다.
모든 것에 아이의 의견을 묻고 선택권 내지 결정권을 주었습니다.
소유권도 아이의 것으로 인정된 것은 부모도 손을 못댈 정도로
철저히 인정해 주었습니다. 아이의 행동에 대한 부정적인 감정도
'나-전달법'으로 많이 전달하였습니다. 그것은 음악을 연주할 때
첨부터 끝까지 포르테(강하게)로 연주하는 것과 같은 것임을 나중에야
알았습니다. 어릴수록 강하게 고착되기 때문에 포르테로 시작하면
디크레센도(점점 여리게) 하기가 정말 힘들어집니다. 그래서 많이
뼁 둘러 돌아왔고 힘도 들었습니다.

결론부터 말씀드리면, 크레센도(점점 강하게)로 연주해야 하는 것
입니다. 어릴 때부터 선택권이 무한 부여된 아이는 참을성이 없고
자기중심적이며, 감사를 모르는 아이로 자라기 쉽습니다.
선택권이 크레센도로 부여되어야 하는 것입니다. 개인차가 있어서
그 기준점을 일률적으로 정할 수는 없지만, 유초등 시기에서
청소년기로 넘어가는 시점을 라인으로 잡을 수 있습니다.
선택권을 부여하되, 상위의 선택권은 부모에게 있음을, 그리고
궁극적인 선택권은 하나님께 있음을 상기시켜야 합니다.

종종 자녀에게 부여해 왔던 선택권을 부모가 시행함으로써 아이에게

선택권에 대한 바른 인식을 시켜 주어야 합니다.

소유권도 마찬가지입니다. 라인 전에는 선택과 결정, 소유보다는
권위와 순종을 배우는 것이 우선입니다. 이것은 바로 아이의 영적인
감각을 실질적으로 키우는 것이기도 합니다. 나의 선택과 결정,
소유에 우선하는 부모의 선택과 결정, 소유가 있음을, 그 상위에
하나님의 선택과 결정, 소유가 있음을 인지시키는 것입니다.

'나─전달법'에 있어서는, 아이들이 라인 전에는 부모의 감정이나
아이의 감정에 호소하는 방법은 그리 좋지 않습니다.

옳고 그름보다는 감정적인 판단과 행동 방식으로 흐를 수 있기
때문입니다. 라인 전에는 나와 부모의 감정 이전에 옳고 그름의
기준이 제시되어야 하는 율법의 시기입니다. "너가 이렇게 하니
엄마가 마음이 아프다." 너무 인격적이고 설득력이 있고 좋아
보입니다. 하지만 간과하는 것이 있습니다.

이 시기에는 옳고 그름에 대한 명확한 기준이 있어야 합니다.
"너가 이렇게 행동하는 것은 옳지 않아"라고 말해야 합니다.
행동 기준이 사람의 감정이 아니라 하나님의 말씀이나 도덕에
있음을 분명히 해주어야 합니다. 이것이 아이의 도덕적·영적 감각을
키워 줍니다.

자녀 양육은 연주와도 같습니다. 처음부터 포르테로 나가면
아름다운 연주가 되지 않습니다. 작게 시작해서 결국은 포르테로
가는 크레센도라는 과정이 필요합니다. 그럴 때 자녀 양육은
아름다운 연주가 될 것입니다. 우리의 연주가 끝나면 우리 주님께서
박수와 환호로 맞이해 주실 것입니다.

끈

엄마 아빠 품으로 파고드는 일당의 두더지(?)들을 축출하고 오붓하게
붙어 자니 새록새록 부부의 정이 돋는 것 같습니다.
밖에서 "제발 문 좀 열어 달라"는 두더지들의 애원과 절규를
못들은 척, 태연히 우리 부부는 농염한 시선을 교환하고 있습니다. ㅋ

아이들이 어릴 때는 부부가 살을 맞대고 자는 것이 쉽지 않습니다.
아이들을 돌보느라 각방을 쓸 때가 많고 부부 간의 관계라도
소원해지면 감정적인 연합의 끈은 약해지고 자녀와의 연합의 끈이
강하게 형성됩니다. 성경은 부부 간의 연합을 말하지 부자 간,
모녀 간 혹은 부녀 간, 모자 간의 연합을 말하지 않습니다. 이것은
정상적인 관계가 아님을 의미합니다. 죄가 서식할 수 있는 환경이
조성됨을 의미합니다.

사탄에게 틈을 주어 가정 안으로 여러 가지 죄들이 흘러 들어오게
만들어 가정생활을 어렵게 만듭니다. 먼저는 권위의 문제들이
발생하여 자녀들이 부모의 교훈과 훈계를 받아들이지 않습니다.
오늘날 가정이 어렵고 아이들이 방자히 행하는 것은 이로 인한
영향이 크게 작용합니다. 가정의 죄는 부부 간의 끈 사이를 타고
들어오기에 죄가 틈타지 못하도록 끈을 조여야 합니다.

아이들은 아빠 엄마의 감정의 긴장 관계를 보드 삼아 그 사이를
파도타기하듯 과녁을 피해 갑니다. 배우자를 사랑하는 것이
자녀에게 줄 수 있는 최고의 선물입니다.

저 높은 곳을 향하여

예의 바르고 정중하면서도 밝고 친절하며 따뜻한 미소로 다른 사람을
배려하고 절제력과 인내심이 있는 아이는 보석과 같이 빛이 납니다.
자녀에 대해 큰 원을 그리라는 말을 합니다. 다른 말로 표현하면,
자녀에 대해 높은 목표를 가지고 기대하라는 것입니다.

이야기가 여기서 끝나면 자녀들이 죽어납니다. 우리는 너무나 쉽게
자녀에 대한 안내자로서의 부모의 역할을 포기하고 수준을 확 낮추어
버립니다. "요즘 애들 다 그렇잖아", "눈높이를 맞춰야지",
"애가 원래 그런 걸 어떡하겠어", "더 크면 괜찮아지겠지."
끌어올리자니 힘들고 방법도 잘 모르겠고 아이들도 힘들어하니
관계도 어려워지고 내려놓자라는 마음이 드는 것입니다. 하지만
그것은 하나님이 원하시는 것이 아닙니다. 우리는 기대와 목표를
가지되, 그러한 성품을 길러 주어야지 자녀에게 강요하지는 말아야
합니다. 자녀의 문제를 인식하되, 비난이 아니라 훈련과 내적인
동기부여를 통하여 극복하도록 돕는 것입니다.

뇌과학적으로 말하면 바람직한 행동을 반복하게 하여 뇌에 다른 길을
내주는 것입니다. "말로는 쉽지" 이렇게 생각할 수 있습니다.
그렇습니다. 쉽지 않습니다. 사명감과 치밀함, 인내와 바른 지식이
요구됩니다. 하지만 그것은 부모의 사명입니다. 모든 부모는

소명이요 사명자입니다. 자녀의 생명을 위해서라면 뗏목 하나로
태평양을 건너는 것이 부모의 사랑입니다.

아이가 어떤 행동을 지속적으로, 반복적으로 할 때 그 아이의 뇌의
길을 볼 수 있어야 합니다. 그럼 습관을 바꾸어 주어야겠구나 하는
생각으로 넘어갈 수 있습니다.

다음은, 왜 그러한 습관이 생겼나 생각해 보아야 합니다.
아이는 자기중심적입니다. 그말은 그렇게 행동함으로 아이가 유익을
얻었다는 것입니다. 평소에 아이에게 잘 반응하지 않는 부모가
아이가 그런 행동을 보였을 때 긍정적으로든 부정적으로든 반응을
보였다면 아이의 행동은 강화됩니다. 아니면 아이가 그런 행동을
했을 때 귀찮아서 아이의 요구를 들어주었다면 당연히 강화됩니다.
또 하나는 가족 중의 일원이 특히 부모가 일상적으로 그러한
행동을 보이면 자녀는 가족의 상호작용 방식이 그렇기 때문에 당연히
그런 행동을 하게 됩니다.

어떤 이유로든 형성된 습관은 기차 레일과 같아서 생각과 감정,
행동이라는 기차가 그 위로 달립니다. 부모가 해야 할 일은 이 레일의
방향을 바꿔 주는 것입니다. 레일이 그쪽으로 깔려 있는데 기차더러,

"왜 그쪽으로 달려"라고 말하는 것은 우스운 말입니다. 6주 정도면 뇌에 새로운 길의 포장이 시작되고, 12주가 되면 어느 정도 길이 완성되어 갑니다. 중요한 것은 예외 없이 시행되어야 한다는 점입니다. 하지만 여기서 멈추면 안 되고 계속할 때 곧 완공이 되고 개통식을 할 수 있습니다.

청소년기에도 쉽진 않지만 방법이 있습니다. 사춘기 아이들은 자신의 권리에는 민감하지만 의무나 자신의 문제에 대해서는 잘 인식하지 못합니다. 깊은 대화를 통해 아이가 문제를 인식할 수 있도록 도와주어야 합니다. 그 문제를 계속 가지고 갈 때, 발생할 수 있는 인생의 문제를 솔직히 이야기하고 이 문제를 해결해야 하는 당위성에 대한 동의를 이끌어 냅니다. 그렇게 되면 아이는 자신의 문제를 해결하고자 하는 내면의 동기가 발생한 것입니다. 부모의 감정이나 유익을 위한 것이 아니라 자녀 자신의 유익을 위한 것임을 자녀가 인식하고 공감해야 합니다.

중요한 것은 이것을 자녀의 감정과 행동을 조종하고 통제하는 수단으로 삼으면 절대 안 된다는 것입니다. 자녀는 그것을 일명 귀신같이 압니다. 그렇게 되면 이 작업은 실패로 돌아갈 가능성이 매우 큽니다. 한 번에 되진 않고 성공과 실패를 반복합니다.

하지만 분명한 것은 아이는 그것을 자기 인생의 장애요소로 인식하고
극복하고자 하는 내면의 동기가 부여되어 있다는 것입니다.
그러다 보면 성공이 늘어나면서 뇌에 미세한 다른 길이 생기기
시작하고 기존의 길은 조금씩 옅어지기 시작합니다.

포기하지 않고 계속할 때 어느덧 기존의 길은 폐쇄되고 새로운 멋진
길이 개통될 것입니다. 우리는 자녀에 대해 고결한 목표를 포기하지
말아야 합니다. 목표를 바라보되, 아이에게 요구하지 않고 밝은 훈련
또는 아이의 내면의 동기를 통해 좋은 습관을 길러 주어야 합니다.

생존

은행나무 주위의 나무들이 빛을 향해 몸을 굽히고 손을 뻗칩니다.
나름의 생존방식을 터득한 것이지만 몸은 많이 굽어 있습니다.
강하고 능력 많고 공격적, 적극적인 부모 아래 오히려 무기력한
자녀들을 심심찮게 보게 됩니다. 강하고 능력 많은 부모 아래서
자라는 아이들은 나름의 생존방식을 갖게 됩니다. 강하고 공격적인
부모와 달리, 수세적 위치에 있기에 수동적인 행동 방식을 갖게
됩니다.

이 아이들은 거짓말로 부모를 속이는 데 능숙합니다.
능동적 관심과 행동으로 무언가를 추구하기보다 뒷방에서 부모가
하지 말라는 것들을 몰래하며 들키지 않도록 애쓰고 들켰다면
거짓말도 불사합니다. 은행나무 그늘을 피해 굽어 자라는 나무와
같은 이치입니다. 생기가 눌려 자존감이나 자신감이 많이 떨어져
있습니다. 부모가 강하고 능력 있고 적극적이고 공격적인 것은 좋은
것입니다. 하지만 문제는 그 대상이 자녀가 되어 자녀에게 그렇게
요구하는 것입니다.

부모는 아래에서 자녀들이 굽지 않고 바로 자라도록 틈을 내어 빛을
아래로 흘려 주어야 합니다. 그것은 인내심을 가지고 시간을 주고
따뜻하고 온정적으로 반응하며 자녀가 스스로 할 수 있도록 돕는

것입니다. 부모가 너무 앞에서 끌고 가지 말아야 합니다. 그럴수록 아이의 발걸음은 느려지고 반대 방향으로 에너지가 흐릅니다. 심리적인 에너지가 부모가 바라는 방향이 아니라, 역방향으로 작용합니다. 말을 물가로 끌고 갈 수는 있지만 물을 마시게 할 수는 없습니다. 목이 마를 때까지 기다리고 때에 맞춰 물가로 안내하는 지혜가 필요합니다.

그럴 때 자녀들이 곧게 자라 언젠가는 부모를 넘어 자라는 자녀들이 될 것입니다. 그렇지 않으면 굽어 자랄 수밖에 없습니다.

천냥

굳이 벌레에 비유하자면 나날이들은 번데기를 찢고 성충이 되기 전 단계를 통과하고 있어서 이 시기 아이들의 이야기들이 자연스럽게 귀에 들어오게 됩니다.

아이들이 정말 힘들어하는 것은 억압적인 분위기로 부모가 원하는 대로 자녀를 끌어가는 경우입니다. 자녀는 소유의 대상이 될 수 없고 나와는 전혀 다른 독립적인 존재라고 보아야 합니다. 강제할수록 마음은 오히려 반대 방향을 향합니다. 끄는 힘이 강하면 반발력 또한 큽니다. 구심력이 강하면 원심력 또한 클 수밖에 없습니다. 용수철을 누르는 힘이 강하면 용수철이 망가지거나 튀어오르는 힘이 강력하게 작용합니다. 사람도 마찬가지입니다. 부모가 원하는 대로 끌고갈수록, 아이는 독립적인 존재이기를 포기하거나 부모의 희망과는 정반대로 튀어나갑니다.

강한 아이는 좀 일찍 부모의 구심력을 깨고 나가고, 그렇지 못할 경우 부모의 구심력이 약해질 때가 되면 강한 원심력으로 궤도를 이탈합니다. 좀 과한 말일 수도 있지만, 스스로 죄를 지어 봐야 죄의 쓴맛을 보고 스스로 돌이키며, 하나님 앞에 스스로 자백하며 성장하게 됩니다. 죄를 짓도록 방임하라는 이야기가 절대 아닙니다. 부모가 행동 중심의 생각을 버리라는 것입니다.

마음으로 죄를 짓도록 행동을 억누르지 말라는 것입니다. 부모로서
우리는 자녀가 죄를 짓지 않도록 이끌 책임이 있습니다. 행동에
치중해 마음을 간과하는 우를 범하지 않고, 그 마음을 다룰 줄 알아야
됩니다. 억압적 분위기로 어떤 행동의 제한을 가하거나 어떤 행동을
강제하여 자녀의 심적 에너지가 부정적 방향으로 향하도록 하지
말고, 대화와 설득, 인정과 존중을 통하여 긍정적 방향으로 자녀의
심적 에네르기가 흐르도록 물꼬를 터줘야 합니다.

많은 경우 부모님이 울타리를 쳐버립니다. 다른 행동과 생각은
허용하지 않습니다. 부모의 독재성으로 다른 행동은 허용되지
않겠지만 생각은 부모의 마음과 다르게 저 멀리 날아갑니다.
자녀는 나와는 다른 존재이기에 얼마든지 다른 생각을 할 수 있고,
다른 행동을 할 수 있습니다. 그것은 결코 권위에 도전하는 것이
아닙니다! 오히려 건강하게 성장하는 것입니다. 죄가 아니라면
인정해 주고, 만약에 죄라도 부모는 인내를 가지고 대화를 해야
합니다. 그렇게 했는데도 자녀가 죄를 택한다면, 그것은 자녀의
몫이고 기도는 부모의 몫이 됩니다. 자녀는 그 죄를 통하여 성장할
것입니다. 부모는 여유를 가지고 자녀를 기다려 주어야 합니다.
이 시기 다른 생각, 다른 의견, 다른 행동은 당연한 것이고 아주
자연스러운 것입니다.

최고의 씨름꾼은 상대방의 힘을 역이용하여 힘 하나 안 들이고 제압하는 기술을 잘 사용합니다. 하지만 하수는 자기 힘으로만 이기려고 합니다. 지금은 이기는 것 같지만 결국은 지는 게임입니다. 말 한마디로 우리는 사춘기 자녀의 주머니에 천냥을 넣어 줄 수도 있고 탈탈 다 털어갈 수도 있습니다.

모자람의 축복

햇빛만 비치면 농작물이 타버립니다. 거꾸로, 비만 오면 성장과
결실이 어렵습니다.
아이들은 가정에 여러 어려움이 있어 부모가 자신에게만 집중할
수 없고 오히려 아이들에게 도움을 받아야 할 때 훨씬 든직하게
자랍니다. 자기중심적인 생각에서 벗어나 다른 사람의 필요를 보고
섬길 수 있는 기회를 잡게 되는 셈입니다.

한 집사님이 늦게 둘째를 가져 입덧을 장기간 하게 되자, 집안 정리는
생각할 수도 없고 첫째에게 음식조차 해줄 수 없는 상황이
되었습니다. 그러자 평소 좀 철이 없는 아이였던 첫째가 깜짝 놀라게
바뀌었습니다. 엄마를 격려하고 기도해 주고 배려하며 돕는 모습에
우리도 놀라고 집사님도 너무 기뻐했습니다. 그러면서 자녀에게
집중되어 있는 힘을 빼는 것이 참 중요함을 느꼈다고 합니다.

부모가 하지 못하는 것, 해주지 못하는 것을 대신하면서 아이들은
책임감과 독립심이 길러지며, 남을 돕고 배려하는 맘뿐 아니라 힘과
삶의 기술 또한 발달합니다. 자신의 문제를 스스로 풀어가면서
아이들의 문제해결능력 또한 올라가고, 자신감과 의사소통능력도
동반하여 올라갑니다. 실제적인 기도제목이 발생하기 때문에 영성이
자랄 토양이 형성되는 것입니다.

아이들에게 못해 주는 것 때문에 그렇게 마음 아파할 필요 없습니다.
넘치는 것보다는 모자라는 것이 훨씬 낫습니다. 부모가 못해 주고
주님께 아뢸 때 주님이 일하십니다. 아무것도 안 하던 아이들이
스스로 무언가를 하기 시작합니다. 그전에는 아이에게 상상할 수 없던
귀한 것들이 아이에게 나타납니다.
우리의 약함은 주님의 강함입니다. 모자람이 축복입니다.
주님께서 그리실 여백을 허락할수록 작품은 더 멋있어집니다.

엄마 업고 달리기

요즘은 모르겠지만 제가 초등학교 시절에는 운동회의 단골메뉴로
'엄마 업고 달리기'가 있었습니다. 엄마를 업고 달리는 것이 아니라
엄마가 달려오는 자녀를 업고 뛰는 경기입니다.
엄마는 달리기 대표라서 대회 철이 다가오면 교장 선생님은 저의
등교에는 관심이 없으시고 오로지 엄마의 등교에만 관심을
두셨습니다. 엄마가 저를 따라 등교하지 않으면 집으로 돌려보내서
엄마를 모시고 오게 하셨습니다.

인생은 '엄마 업고 달리기'가 결코 아닙니다. 자녀 자신의 발로
인생이라는 트랙을 뛰어야 하는 것입니다. 그렇기에 부모가 강하고
약하고 또는 능력 있고 없고는 그리 중요하지 않습니다. 오히려
부모가 강하고 능력 있으면 들쳐업고 달릴 유혹을 강하게 받을 수
있습니다. 그렇게 되면 자녀의 근력은 성장하지 않습니다.

아이가 부모의 그늘에 숨지 않도록 야멸차지만 앞으로 내몰아야
합니다. 자신의 일들을 스스로 처리하게 하고 문제들을 스스로
해결하도록 해야 합니다. 아이가 원하고 좋아하는 것보다 옳은 것과
해야 하는 것을 하게 해야 합니다. 어려움과 난관의 태풍 속에서
스스로 버티고 넘어가도록 이끌며 실수와 패배를 딛고 일어남으로
더 큰 고개를 넘어갈 수 있는 근력을 키워나가게 하는 것이

중요합니다.

부모의 연약함을 자녀에게 인정하고 노출시키며 오히려 자녀에게
도움을 요청하여 아이로 부모를 돕는 건전한 자존감과 자부심을 갖게
하여야 합니다. 이런 아이들은 이기심에서 벗어나 부모를 돕고
차제에 남을 돕는 삶으로 자연스레 넘어갑니다. 아이를 무풍지대에서
키우는 것이 결코 아이에게 건전한 자존감을 갖게 하지 않습니다.
높아 보이지만 부풀려져 있어 무너지기 쉬운 구조입니다.

부모의 주머니 사정도 알게 하여 부모를 자신의 필요를 채우는
사람이 아니라 도와야 할 사람으로 인식시켜야 합니다. 부모로서
자존심을 버리는 것과 자신이 자녀에게 슈퍼맨이 되고자 하는
욕망을 버리는 것은 부모에게 분명 쉽지 않은 일입니다. 하지만
이렇게 자라는 아이는 그 입에 불평을 달지 않고 감사를 달 가능성이
높습니다. 자신에게 주어지는 것이 당연한 것이 아님을 알게 되기
때문입니다.

자연법칙

지구는 태양 주위를 돌고, 달은 지구 주위를 돌며 완벽한 힘의
균형을 이루고 있습니다. 부모는 자신의 규칙, 도덕, 법규,
나아가서는 하나님의 계명 주위를 돕니다. 그것은 부모 내면의
규칙일 수도 있습니다. 그 부모 주위를 자녀들이 돌고 있습니다.
부모는 일정한 힘으로 우린 자녀에게 허용하기도 하고 금지하기도
합니다. 아이는 부모가 끌고 있는 힘을 자연스럽게 느낍니다.

아이는 순종할 수밖에 없는 무언의 힘을 느낍니다. 하지만 부모를
끌어당기는 일정한 힘이 없으면 자녀에게도 일정한 힘으로
끌어당기지 않습니다. 그 말은 임의로 상황대로 감정대로 허용과
금지를 하는 것입니다.

아이는 그것을 금방 감지합니다. 이젠 부모를 끌어당기는 힘의
존재를 믿지 않습니다. 이때부터 혼란이 시작됩니다. 힘의 균형이
깨어진 것입니다. 이젠 아이는 부모만 어떻게 구워삶으면(?) 된다고
생각합니다. 이제부터 줄다리기가 시작됩니다. 손님이 오면 금지도
허용이 됩니다. 예배시간에는 금지도 허용이 됩니다. 부모가
피곤하면 금지도 허용이 됩니다. 부모가 감정이 좋으면 금지도
허용이 됩니다. 떼를 쓰면 금지도 허용이 됩니다. 이것을 아이는
잘 압니다. 이런 아이는 난간 없는 울렁다리를 건너듯이 심리가

불안합니다. 상위의 법, 즉 도덕이나 규칙, 법, 나아가서는 하나님의 계명에 대한 개념이 서지 않습니다. 당연히 도덕심이나 질서, 순종, 신앙심 등이 자라는 데 방해를 받습니다. 아이는 영적인 존재라 아무리 어리더라도 자연스레 하나님을 느끼고 경험할 수 있지만 오히려 부모가 방해하게 되는 것입니다.

자유함

아들은 구렁이 담 넘어가듯 넘어가고 온갖 아양과 엄살이
넘칩니다. 그런 아들에게 법(?)을 그대로 집행하기란 아빠에겐
여간 어려운 일이 아닙니다. 아들에겐 맡겨진 일을 뺀질거리며
잘 안 하는 버릇이 있어 성실함의 성품이 필요합니다. "여기서 아들을
제대로 징계하지 않으면 아들을 사랑하지 않는 거야."

아내의 특명과 함께 이미 위험 수위를 넘었다고 판단한 아빠는
맴매를 단디 들고 숲길로 들어섭니다. 아내 말대로 제대로 집행만
했어도 오늘 같은 일은 없었을 것이라 생각이 되어 후회도 되고
회개도 됩니다. 예상대로 아들은 메시가 상대팀 골문을 향하여
수비수들을 제치고 공을 몰고 가듯 합니다. 이리 치고 저리 치고
메치고 안 되면 돌려치는 화려한 말기술로 아빠를 혼란케 합니다.
그렇지만 아빠도 오늘은 맘을 단디 먹었습니다. 냉철하게 침묵을
지키며 집행을 합니다. 아들은 예상대로 특유의 오버액션과 숨
넘어가는 소리로 아빠를 혼란케 합니다. 그간 아빠를 무력케 한
갈등이 다시 고개를 듭니다. '그만 멈출까? 아니야 더 이상은 안 돼.
너무 아픈 것 같은데… 아니야, 헐리웃 액션이야. 들어보니 일리도
있는데… 아니야, 아들 말에 휘둘리면 안 돼. 이번만 봐줄까?
아니야, 이번에 제대로 안 하면 아내한테 내가 맞어.' 아아악!!!
그래도 집행을 계속합니다. 5대를 집행하고 5대가 남았는데

만딸이 헐레벌떡 달려옵니다.

'내가 심했나?' 말리러 오는 줄 알았습니다. 울 만딸 하는 말,

"아빠, 밑에서 다 들려서 동네가 시끄러워요~ 더 올라가서 하세요."

허걱~~얼떨결에 집행을 완수합니다. 내려와서 울아들 언제
그랬냐는 듯이 깔깔거리며 잘 놉니다. 오히려 한층 더 밝아져
있습니다. 다만 자기 일을 미루지 않고 합니다. 그러면서 다시
깨닫습니다. 바른 징계는 아이들의 영혼을 자유케 함을 봅니다.
징계가 없으면 아이들이 밝을 것 같지만 결코 그렇지 않습니다.
징계 없이 형성된 자존감은 모래성 같은 것입니다. 징계 없이
안정감은 형성되지 않습니다.

뭔지 모를 불안함에 노출되어 있고 마음속엔 죄책감이라는 어둠이
드려집니다. 징계가 죄책감이라는 어둠을 걷어가 버리고 그 영혼은
안정감과 함께 자유함을 느낍니다. 이것은 하나님의 비밀입니다.
아이들이 어렸을 때 인본주의적인 자녀 양육에 물들었을 때는
전혀 깨닫지 못했던 하나님의 비밀입니다. 아이들을 창조하신
하나님께서 만들어 놓으신 설명서에만 기록되어 있는 비밀입니다.
중요한 것은 바르고 지속적인 징계입니다. 절제된 감정으로 아이를
훈련하고자 하는 바른 동기에서 나온 징계가 아이의 영혼을
자유케 하고 교정으로 인도합니다.

정답

우리의 마음은 때론 신묘망측합니다. ㅋ 다른 사람이 가타부타
정답을 말할 때 마음의 문은 조금씩 닫히고, 계속 정답만을 늘어놓을
때는 아예 자물쇠를 걸어 채웁니다.
사람이 나빠서가 아니라 그런 태도가 자신도 모르게 밀치는 장력을
발하나 봅니다. 능력이 있고 나이스하지만, 왠지 튼튼한 철골만이
서 있는 건물처럼 황량합니다.

사춘기 자녀를 키우는 부모는 이 사실을 유념해야 합니다. 부모가
자녀에게 정답만 말한다면 자녀는 마음의 문 앞에 쉴드를 치고
거기에다 강요까지 한다면 아예 셔터를 내려 버립니다.
사춘기 자녀에게 우리는 공감능력의 RPM을 최대로 올려야 합니다.
잘 안 된다면 악어 눈물을 찍어 바를지라도…. ㅋㅋ

많은 경우, 자녀는 이미 정답을 알고 있습니다. 그게 말처럼 잘 안
될 뿐이죠. 부모인 우리는 잘 못살아도 좋습니다. 부족함 태백이라도
좋습니다. 자녀는 우리가 온전치 못한 것을 아주 잘 알고 있습니다.
힘들게 손바닥으로 하늘을 가리려고 하지 마세요. 중요한 것은 자녀
앞에 스스럼 없이 연약함과 잘못을 고백하는 것이고 '미안하다'라는
말을 언제든 준비하는 것입니다.

그 말의 의미가 겸손이고 인격의 존중이기에 밀치는 장력 대신 끌어들이는 인력으로 작용합니다. 이것은 결코 권위를 손상시키지 않고 오히려 권위에 정당성을 더해 주고 관계에 흐르는 긴장감을 완화해 한결 안정감을 부여합니다. 그럼 어느새 자녀는 그 마음을 부모인 우리의 주머니에 슬쩍 넣어주며 건강한 성장의 종단을 통과합니다.

어린 자녀의 양육은 자녀를 조각하는 예술이지만, 사춘기 자녀의 양육은 자녀와 부모인 우리를 함께 조각하는 복합예술입니다.^^ 아냐~ 또 정답만 말하고 있네~

—— 책을 닫으며

이제는 할 수 있는 이야기

대기업 통신회사에서 주2회 야간근무를 할 당시, 많은 시간을 가정에서 보낼 수 있었습니다. 연년생으로 딸과 아들이 태어난 후 아내를 제치고 일차 양육자를 자처하며 살았습니다.

원래 아이들을 좋아하지 않았지만 수중분만을 통해 딸아이의 출산 과정에 적극 참여함으로 직접(?) 아이를 낳는 듯한 경험을 하고 나니 아이들이 너무 좋고 사랑스럽게 느껴지기 시작했습니다. 아내는 둘째를 낳고 갑상선 기능저하증을 앓았습니다. 한동안 저혈압과 맞물려 오후 늦게서야 기동하였습니다. 저는 회사에서 돌아오면 기저귀 가방을 들고 아이들을 데리고 산으로 들로 다녔습니다. 놀이터나 공원 어디서나 침을 튀며 육아 이야기를 하였고 교회 유년부 주보에는 매주 육아칼럼을 쓰기도 하였습니다. 동네 아주머니들은 그런 저에게 '어매'라는 별칭을 붙여주었습니다. 하루는 동네 아주머니들에게 회사 상품을 권했더니 깜짝 놀라했습니다. 아내가 직장을 다니고 제가 전업주부인 줄 알았던 것입니다. 그렇게 열혈 육아맨으로 10여 년을 하루같이 보냈습니다.

기억나는 에피소드 하나는, 큰딸이 열쇠로 현관문을 열고 싶어

하는 것을 보고, 딸의 집중력을 기르게 하려고 땀을 뻘뻘 흘리며
한 시간을 두 팔로 아이를 들고 서 있었던 일입니다. 아이가
정글짐에 올라가면 담력과 도전정신을 기르게 한다고 내버려 둔
채로 정글짐 밑에서 아이를 받아내려는 자세를 잡고 몇 시간씩
기다리기도 했습니다.

야근 중 빈 시간에는 자녀 양육서를 탐독하였고 아이들과 함께할
놀잇감들을 만들었습니다. 아침이 되면 "커피 한잔 마시고
가라"는 동료들의 애원(?)을 물리치고 곧장 집으로 가는 차의
시동을 걸었습니다.

아이들이 초등학교에 들어갈 무렵 기대했던 기독교 대안학교에
입학할 수 없게 되자 아내와 함께 학교 운동장을 돌며 공교육과
교육계를 위해 기도하게 되었는데, 하나님께서는 생각하지도
않았던 홈스쿨이라는 교육의 길로 우리 가정을 인도해 주셨습니다.
아이들을 너무 좋아하니 더 많은 아이들을 갖고 싶었습니다.
그 당시 저의 꿈은 밴의 문을 열면 아이들이 쏟아져 나오며
"아빠" 하고 안기는 것이었습니다. 아내의 건강 상태가 아이를
더 낳을 수 없다고 판단이 되자 입양을 하기로 결심하였습니다.
하지만 아내의 마음이 준비되는 데는 많은 사건과 시간을 필요로
했습니다.

여러 해가 지나 유난히도 벚꽃이 만발한 봄 날, 막내딸 다희는
그렇게 우리 가슴에 들어왔습니다. 지금도 그때의 다희 표정을

잊지 못합니다. 세상에서 가장 슬픈 아이 같았습니다. 커다랗고
새까만 눈동자는 불안과 두려움과 슬픔이 서려 있었습니다.
다희의 얼굴빛은 잿빛이었고 누군가 다가오면 얼음처럼 굳어
버렸습니다. 그런 아이가 한 해 두 해가 지나 조금씩 밝아졌고
이제는 그 누구보다 밝은 아이가 되었습니다. 깁스를 해야 되나
고민할 정도로 손가락을 빨아댔던 아이의 틱이 말끔히
없어졌습니다.

회사가 민영화 과정을 거치게 되었고 어느 날부터 구조조정과 함께
심한 스트레스에 노출되면서 난데없이 불면증이 찾아와
우울증으로 발전했습니다. 결국 회사를 그만두게 되었습니다.
그 뒤 증상이 더욱 악화되어 방 안에서 식물인간처럼 3년을
널부러져 지냈습니다. 막내는 여전히 나의 배 위에서 뛰었지만,
저는 어떤 반응도 보일 수 없었습니다. 열한 살, 열 살이던
큰아이들은 더 이상 제 곁에 오지 않았습니다. 저는 아이들의
표정을 읽을 수 없었고, 아이들에게 미소 지으려 했지만 그럴 수
없었습니다. 아무 존재감 없는 투명인간으로, 아니 어둠을
드리우는 회색 인간으로 있었습니다.
하루 종일 바늘에 찔리는 것같이 고통스럽고 금방이라도
뛰어내리고 싶은 충동에 휩싸여, 결국 회복의 희망이 한오라기도
없다는 생각에 갇혀 모든 소망이 끊어진 칠흑 같은 어둠에 싸여
신음하였습니다. 우울증 약도 듣지 않았고 이 병원, 저 병원
전전하며 입원 치료도 받았지만 아무 소용이 없었습니다.

그때 매주 저희 집을 방문해서 예배드려 주시던 전도사님 한 분을 통하여 '하나님은 너의 신음 소리도 기도로 들으신다'는 말씀을 듣게 하셨고, 그것이 저에게는 실낱 같은 희망의 빛이 되었습니다. 마침 아내가 인터넷을 통하여 정신과 의사이신 차준구 장로님의 강의를 듣게 되었고 마지막으로 그분께 가보자고 하였습니다.

장로님은 아내가 대신해 준 검사 결과지를 통해서 과학적인 근거를 가지고 저의 깊은 우울증 상태를 설명해 주셨을 뿐 아니라, 앞으로 어떻게 회복의 과정을 거치게 될 것인가에 대해서도 하나하나 설명해 주셨습니다. 내가 혹시 귀신들린 상태가 아닌가 하는 의구심에 대해서 신학, 의학적 소견과 경험을 통해 왜 귀신들린 상태가 아닌지 설명해 주셨고 마지막에는 저의 손을 잡고 반드시 회복될 수 있으니 조금만 견뎌 달라는 부탁까지 하셨습니다. "우울증은 몸의 질병과 똑같다. 임계치를 넘은 강한 스트레스는 뇌에 외상을 일으켜 도파민 체계를 무너뜨려 온 것이다. 형제는 일 분 일 초를 견디기 쉽지 않은 최악의 상태다."

장로님의 말씀대로 회복이 진행되었고 하루가 다르게 쑥쑥 올라서더니 몇 달 안에 숨쉬는 것이 편안하다는 느낌이 들었습니다. 감정은 기적적으로 정상적인 상태로 회복되었고 점차 일상적인 생활을 할 수 있게 되었습니다. 돌이켜 감사한 것은, 그 형편에서도 하나님께서 아이들을 지켜 주셨다는 것입니다. 아이들은 저의 빈자리를 채우느라 이전보다 더 엄마를 돕기 시작했고, 아내와 아이들은 매일매일 가정예배로 하나님을 붙들었습니다.

우리는 홈스쿨을 계속하기를 원했지만, 고등학교로 진학하겠다는 큰딸의 결단은 굳건했습니다. 누구보다도 말씀과 예배로 훈련받은 아이들이 세상을 능히 이겨낼 수 있을 거라는 막연한 기대를 품고, 고등학교로 초등학교로 세 아이를 올려놓는 시험대에 발을 내딛게 되었습니다.

이전에 저는 "나를 봐라. 나같이 아이들을 사랑하고 헌신하는 사람이 어디 있느냐?" 하는 교만과 자기의가 강한 사람이었습니다. 고난을 통해 하나님께서는 내가 진토임을 알게 하셨고 "이제는 티끌과 재 가운데 회개합니다"라고 고백하게 하셨습니다.

지금 우리 부부의 가장 큰 기도 제목은 아이들이 십대가 가기 전에 자신이 죽을 수밖에 없는 죄인임을 깨닫고 십자가의 큰 사랑에 엎드리는 진정한 회심을 경험하고, 이제는 더 이상 부모의 하나님이 아니라 나의 주, 나의 하나님임을 고백하는 또 하나의 믿음의 1세대로 거듭나는 것입니다.

그 바람대로 아이들은 신앙에 대해 근본적인 질문을 던지고 있습니다. 이런 질문들을 통하여 아이들이 살아 계신 하나님을 만나기를 기대합니다. 회의와 방황으로 보이지만 꼭 필요한 과정이라 생각하고 부모의 품에서 그런 과정을 겪는 것이 바람직할 것 같아 기도만 하고 지켜보고 있습니다.

이 글은 저에게 포로생활에서 돌아온 이스라엘 백성들이 부른 감격의 노래와도 같습니다. 아이들과 전원 속에서 함께하며 부른 자연의 노래요, 삶의 노래요, 사랑의 노래이기도 합니다. 사랑이 무엇일까요? 지금 저는 자문해 보고 있습니다. 동화 속 왕자와 공주같이 낭만적이고 아름다운 것일까요? 다른 것은 모르겠지만, 진흙탕 속에서 뒹굴던 나를 떠나지 않고 끝까지 인내하고 동행해 준 아내에게서 저는 발견합니다.

'사랑'이라는 선명한 두 글자를.

아빠의 펜션
The Dad's Shelter

2018. 7. 12. 초판 1쇄 인쇄
2018. 7. 25. 초판 1쇄 발행

지은이 양석균
펴낸이 정애주
국효숙 김기민 김의연 김준표 김진원 박세정
송승호 오민택 오형탁 윤진숙 임승철 임영주
임진아 정성혜 차길환 최선경 허은
펴낸곳 주식회사 홍성사
등록번호 제1-499호 1977. 8. 1.
주소 (04084) 서울시 마포구 양화진4길 3
전화 02) 333-5161
팩스 02) 333-5165
홈페이지 hongsungsa.com
이메일 hsbooks@hsbooks.com
페이스북 facebook.com/hongsungsa
양화진책방 02) 333-5163

ⓒ 양석균, 2018

ISBN 978-89-365-1299-6 (03590)